シリーズ
転換期の国際政治 **20**

# シリア 紛争と 民兵

Yutaka Takaoka
## 高岡 豊

## Syrian conflict and Militias

晃洋書房

# 第1章

# 紛争のアクターとしての民兵

## はじめに

　近年の紛争では，国家間の交戦よりも民兵，反乱者，武装勢力など非国家武装勢力が主な当事者となる事例が増加している．中東においても同様であり，シリア紛争では反体制派やそれを支援した諸国だけでなく，政府側も民兵を編成して紛争に臨んだ．本書では，シリア紛争の中で現れた様々な非国家武装主体の実態を解明することを通じ，非国家武装主体の動員・動員解除や，統治や国家による取り込みのような非国家武装主体の活動にまつわる諸事例を，中東のみならず世界的な非国家武装主体の研究に貢献する事例として提供する．特に，宗教としてのイスラームの教えに基づき，人々を集合行為に動員している「イスラーム国」やイスラーム過激派諸派についての研究は，現代的な国家のありかたと集合行為についての研究に大きく貢献できる．

　本書が考察するシリア紛争では，本来政府側の軍事力は正規の軍・治安部隊が担うべきものである．しかし，規模の上では中東で屈指だったシリア軍は，シリア紛争で抗議行動の鎮圧にも，イスラーム過激派をはじめとする反体制派武装勢力による攻勢への防戦にも，日常的なイスラエルによる空爆の迎撃や抑止にも，効果的に機能しなかった．その一方で，シリア軍はシリア国家の存在の象徴としての機能を担うことにより，

軍事的な能力とは別の役割を果たすようになっていった．シリア軍の実力と紛争中の役割については，腐敗や不適切な人事により紛争勃発前から能力が低かったが，師団司令部の強固な防御，民兵の起用，（能力が低いにもかかわらず）国家や法の存在の象徴としての機能を担う，などの理由で崩壊をまぬかれたとの指摘がある［Khaddour 2016］．

　かくして，シリア紛争の現場ではイスラーム過激派や反体制派だけでなく，親政府側にも非国家主体としての民兵が現れ，現場の戦闘の主役となっていった．本書は，このような状況を踏まえ，シリア紛争の場に現れた様々な民兵の動員のメカニズム，民兵による占拠地の統治の実態，シリア政府による親政府民兵の起用が招いた同国の政治構造の変化を明らかにする．


　冷戦終結後の様々な戦争・紛争を通じて，国家や正規軍とは異なる主体が実際の軍事行動や武装闘争，和平や政治過程の主体，或いは紛争や政治・社会の研究の対象として存在感を増している．1990 年代のソマリアでの国際的な平和維持活動の挫折やアフガニスタンでの紛争が，軍事・安全保障の観点から上記のような主体が注目される契機となった．中東では，2001 年以降アメリカが主唱した対テロ戦争の対象とされた個人や団体，2003 年以降アメリカ軍などに対して武装闘争を行ったイラクの武装勢力諸派，シリア紛争の当事者となった諸般の武装勢力が具体的な事例とみなされるだろう．しかし，これらの集団については，個別の分析枠組みにごとに定義づけと分類がなされており，学問領域や政治的立場を越えた共有される明確な定義や分類が成立しているわけではない．そこで，本書では非国家武装主体の定義や，個々の武装勢力が定義の要件を満たすのかについての複雑な議論を避けるため，考察の対象を「シリア紛争に関与した武装集団のうち，国家の正規軍や治安部隊で

はないもの」を民兵と呼ぶこととする．そして，シリア紛争でのそれら
の民兵の政治的立場や，依拠する思想信条ごとに，彼らを「イスラーム
国」，イスラーム過激派，反体制派，クルド民族主義勢力，親政府に分
類して，その活動の実態を分析する．

## 1　方法論と分析の枠組み──何故紛争が起こるのか，何故民兵が動員されるのか？──

　シリア紛争では，あらゆる当事者が自らの行動を正当化し，敵対者を
貶めるための広報活動を活発に行った．特に，反体制派の政治組織や民
兵，「イスラーム国」や外国起源の集団を含むイスラーム過激派の民兵
は，活発な広報活動を行った．これらの広報活動は，シリア国外からの
支持や資源の調達，人員の勧誘，敵対者への非難や脅迫などの目的のほ
か，紛争で占拠した地域を適切に統治したり，自派が組織として正しく
経営されていることを示したりすることを意図していた．本書では，綱
領や声明・画像・動画のような広報製作物など，諸派の政治目標や活動
の実態を示す一次資料を用いる．ただし，これらの一次資料はあくまで
紛争当事者による広報であり，その内容を事実として全面的に依拠する
ことはできない．そこで，対立する諸当事者が発信する情報と対照した
り，諸派の活動について様々な手法で分析した先行研究の成果を参照し
たりして客観的な描写と分析に努める．
　一方，シリア国民やシリア紛争の結果難民・避難民となった者たちに
ついては，筆者も参画した世論調査が長期間実施されている．調査項目
には，政府やその機関だけでなく，民兵やその拠り所となる政治的な信
条，民兵を輩出した社会集団への評価も含まれているため，本書でも世
論調査の結果を活用して分析を進める．なお，本書では世論調査の回答

をクロス集計するというごく初歩的な手法を用いたが，シリア国民を対象に類似の世論調査を実施し，計量分析によって彼らの意識を分析する論考［末近 2020b, Hamanaka and Tani 2023］も発表されている．本書の考察は，シリアの政治や社会を分析するに際し，定性的な手法と定量的な手法との協働が定着していることを踏まえたものだ．また，シリア紛争により民族，宗教・宗派集団，政党，経済界，部族のようなシリア国内の諸集団の立場も親政府・反政府・中立・分裂などに分かれた．このような立場の変動は，諸集団がシリアの国会に相当する人民議会にどの程度議員を輩出したかを分析することによりその動態を把握することが可能である．本書では，シリアに議会が設置された 1928 年から最新の選挙を経た 2020 年の人民議会までの議員名簿を整備し[1]，それを基に親政府民兵やその母体となった社会集団と政府との関係についても考察する．

### (1) なぜ紛争が起こるのか

まず，なぜ国家間の戦争や，特定の国家の領域内で領域や様々な権益を争奪する内戦のような紛争が発生するのかを考えてみよう．一般向けの報道や解説では，シリア紛争はバッシャール・アサド（B. アサド．Bashār al-Asad）大統領をはじめとするアラウィー派[2]という少数宗派に対し，多数派のスンナ派[3]が蜂起したと理解されがちである．長年シリアを専門としてきたオランダの外交官のヴァン・ダムは，「シリアはこれまで"アラウィー派の共同体"によって支配されたことは一度もないのだが，相当数の非アラウィー，特にスンナ派からは"アラウィー共同体による支配"と認識されてきた」，「（シリア紛争勃発時の）平和的な抗議行動を弾圧した軍の精鋭部隊，治安機関，シャッビーハと呼ばれる武装ギャングなどの抑圧者がアラウィー派に支配されていたという構造上，抑圧者アラウィー派と被抑圧者非アラウィー派という宗派的分極を回避するのは

困難だった．……反体制派のイスラーム主義者・ジハード主義者諸派は，明らかにアラウィー派体制への対抗という動機を抱き，諸派の活動が宗派的分極を促進した」と指摘した［van Dam 2017: 69-72］．この指摘は，シリア紛争の構図についての理解が，当事者や外部の観察者の主観や印象に強く影響されていることを示している．しかし，このような構図は現実を正確に描写しているとは言えない．特に，同一の国家や社会に複数の宗教・宗派集団が混在することが自動的に紛争を引き起こすと断定することはできない．しかも，宗教・宗派という亀裂が，常に紛争当事者を分かつ基準となるとも限らない．実際，シリア紛争ではアラウィー派をはじめとするシリア国内で「少数派」とされる宗教・宗派集団が「全て，必ず」政府側についたわけではないし，反対に「多数派」とされるスンナ派のアラブの者たちが「全て，必ず」反体制派に与したわけでもない．

　ここから，諸当事者がなぜ武力行使という選択をしたのかについて，既存の仮説や理論を基に検討する必要が生じる．最初に，政治学者のフィアロンが唱えた合理的戦争原因論に注目しよう．この議論は，ある国家が戦争を起こすかどうかは，外交と戦争とを比較した際の費用対効果がよい，すなわち外交よりも戦争を選んだ方がよいと判断した際，国家は戦争を選択するという議論だ［Fearon 1995］．これに基づけば，国家は理論上費用対効果に見合う戦争しか起こさないはずだが，現実はそうではないことが多い．この点について，フィアロンは情報の非対称性，争点の不可分性，コミットメントの問題という三つのパターンに沿って国家が費用対効果の判断を誤って戦争に踏み切る可能性があると指摘した．情報の非対称性とは，戦争の当事者となる国家が予想される相手国や関係国の反応など，情報の判断を誤った場合を指す．争点の不可分性とは，対立の原因となっている争点についての交渉や妥協が不可能な状

況に陥り，戦争が唯一の選択肢として残った場合だ．コミットメントの問題とは，国際社会には国家に約束を遵守させる公権力が存在しないことから生じる不信感に根差す問題で，将来相手国との力関係が自国に不利なように変化すると予想した国家は，相手国に対する不信感を強め，早い段階で予防戦争として戦争を選択する方が合理的と判断した場合を説明する［末近 2020a: 146-149］．シリア紛争はシリア内戦とも呼ばれることが多いため，これについて論じる上で国家間の戦争について説明する合理的戦争原因論に注目することは不適切に見えるかもしれない．しかし，シリア紛争には，当初から政府側と反政府側のそれぞれを支援する国がつき，イスラーム過激派が反体制武装闘争の主力となってからも，イスラーム過激派の活動を放任・奨励する形で紛争に関与した国があった．また，2014 年夏以降はアメリカが率いる連合軍が，2015 年 9 月にはロシアが紛争への介入やシリア領内での軍事行動に乗り出した上，トルコも自国の安全保障上の理由からシリア領の一部を占領するに至った．このため，シリア紛争は単なる内戦にとどまらない国際紛争としての性質を帯びており，合理的戦争原因論に基づく分析にも留意することが重要である．その上，シリア紛争の当事者となった民兵，政治組織，シリア社会を構成する諸集団についても，各々がどのような状況判断に基づいて立場を決定したかを，合理的戦争原因論の議論を援用して考察することも必要だと思われる．

　シリア紛争の内戦としての側面に注目した場合，なぜ内戦が発生するのかを説明する諸理論を理解することが不可欠だ．ある国家の内部での権力，天然資源などの経済的権益，領域を争う軍事的な争いや特定の集団による分離独立闘争を内戦とすると，紛争の当事者が民族，宗教・宗派に基づく集団となる場合がある．中東での様々な紛争も同様で，民族，宗教・宗派集団が当事者として争うかのような外見的な特徴に沿って，

紛争が“民族紛争”，“宗教・宗派紛争”と認識されることがあった．特に，シリア紛争では当事者が掲げる大義名分や，自らを正当化するための広報活動でアラウィー派に対するスンナ派の蜂起，シーア派を通じた勢力拡大をもくろむイランとそれに対抗するスンナ派諸国，といった構図が広く信じられている．しかし，先に指摘したとおり，シリア紛争は当事者の民族，宗教・宗派が異なることが原因で自動的，宿命的に発生したわけではない．民族的に多様であることが紛争発生の可能性を上げるわけではないことは既に指摘されている [Fearon and Laitin 2003]．つまり，一つの国の中に民族，宗教・宗派集団が混在していることと紛争発生の可能性との間についてより詳細な分析が必要となるということだ．この点については，社会集団間に集団的な格差（水平的不平等）があるか否かが武力紛争の発生と関係が強いと論じられている [Stewart 2008]．この議論に沿えば，シリア社会にアラウィー派とスンナ派をはじめとする他の集団との間の水平的不平等が存在することが紛争のきっかけであると考えることが可能かもしれない．ただし，本書では民兵の輩出という観点から検証するが，シリア紛争ではアラウィー派，スンナ派に限らず，シリア社会を構成する集団の多くがそれを単位として一致した政治的立場をとったわけではない．そこで，本書ではシリア社会の諸集団間の不平等の問題について，受益者とそれによって損失を被る者，不平等の実態について，その単位としての民族や宗教・宗派集団や部族のような集団間の差異を自明かつ宿命的なものととらえるべきではないとの立場をとる．

　なぜ内戦が発生するのかを考察する上では，それが政府に対する民衆の不満によるものなのか，政府から権力や財源を奪おうとする強欲さ（経済的な機会費用）によるものなのかという議論もある．統計的な分析を通じ，貧困が若者を戦闘に参加させ，その中での違法行為に駆り立てる

との解釈もある．内戦発生の原因を経済的機会費用の観点から説明する場合，戦闘を起こしたりそれに参加したりする場合，内戦が発生しない場合についていた職と所得を失うことになるため，経済的に発展した社会で所得の高い職についている者とそうでない者とでは，内戦に参加する機会費用は著しく異なる．所得が低い状態にあるほど，機会費用が低いことになり，そのような者が多い社会では内戦が発生する可能性は上昇する．また，機会費用の計算を相対的なものとみなすと，「持てる者」と「持たざる者」との格差や，既得権益の喪失や生活水準が将来低下し続けるとの不満も内戦発生の可能性に影響を与えることになる［Collier and Hoefffler 1998: 20-34］．

### (2) 民兵はどのように動員され，どのように振る舞うのか

　民兵は，様々な主体によって動員される．本書で考察するシリア紛争でも，部族のような地縁・血縁集団，政党や民族主義運動やテロ組織のような政治団体，企業などが民兵を編成した．単に活動地域の住民から収奪したり，密輸や麻薬取引のような犯罪行為に従事したりするだけの民兵がいたことも考えられる．さらに，シリア政府だけでなく，シリア紛争に関与した諸国も民兵の動員や民兵組織の統合や再編に関与した．紛争の現場で政府が民兵を起用することは，現代のアフリカの紛争にみられるように［武内 2009］，珍しいことではない．政府が民兵を用いるのは，正規軍・治安部隊の量・質の不足を補うことが動機の一つだが，国家はしばしば正規軍がした場合非難されるような汚れ仕事のために民兵の有用性を認め，民兵を利用する［Metz 2007: 15-37］と指摘されている．このように，反対派の弾圧や資金調達など，政府側の民兵が果たす役割も多岐にわたる．つまり，民兵は動員する主体が多様なのと同じく，個々の民兵組織やそれに参加する個人も，政治目的から個人的な利得に

至るまで多様な動機に基づいて行動する.

　本書では様々な民兵組織について，創設，結成，動員，運営などの語彙に加えて，創業，経営などの単語を使用する場合がある．これは，民兵を含む政治運動全般に，機会や資源を獲得するための起業としての性質がある点に着目したからである．読者諸賢におかれても，民兵が民族，宗教・宗派，あるいは政治的な思想・信条に基づいて動員されるだけでなく，その指導者や構成員が何らかの利得を獲得するために紛争の当事者となるという側面にも留意して本書を読み進めてほしい.

　機会費用や経済的な利得が紛争発生の可能性の高低と関係していることは先に触れたが，政治学者のマイケル・L・ロスは，内戦発生のメカニズムで戦闘員が得る経済的な利得に着目し，反乱軍が資金を獲得する方法を二つ挙げた．一つは，自分たちを支援する国民から食糧や避難場所を含む寄付を得ることで，もう一つは略奪，誘拐，密輸品の販売のようなより儲けの多い犯罪行為から資金を獲得することだ．ロスは，前者に依拠する反乱軍を「目的志向型反乱軍」，後者に依拠するものを「強欲な反乱軍」と呼んだ [ロス 2017: 180-181]．シリア紛争に関与した民兵には「反乱軍」に該当しないものも多数あるが，民兵が活動に必要な資源を住民からの支持（寄付）から得るのか，略奪や天然資源や文化遺物の略取などの犯罪行為から得るのか，シリア国外の出資者から得るのかによって，ロスの言う「目的志向」，「強欲」の類型に沿ってその振る舞いを評価することが可能になる．主要な民兵がいかにして資源を調達したのか，民兵の構成員がどの程度報酬を得ていたのかなどについては，第2章以降で具体例を挙げる.

　紛争の現場に現れる民兵，特に既存の政府から領域や権益を奪取しようとする民兵は，領域を制圧しそこを統治することがある．シリア紛争の当事者となった民兵にも，広範囲の領域と多数の住民を統治した団体

が複数あるが，これらの諸派の統治の特徴や実態は，アラブ諸国や中東での実践だけでなく，世界各地の紛争，民兵，民兵による統治との比較の中で明らかにするべきものだ．無論，民兵が制圧下の住民を無視したり，単なる収奪や虐待・虐殺の対象とみなしたりする場合もある．その一方で，民兵は住民から人員を徴募したり，徴税したりすることもある．多くの場合，民兵は脅迫や暴力だけで住民を制圧するよりも，行政サービスや物資の提供を行い，少なくとも住民が自派の敵対者に協力しない程度に支持を獲得しようとする．また，政府軍や多数の民兵が入り乱れて抗争していた地域を単独の勢力が制圧した場合，それによって当該地域での戦闘や犯罪が減少してある程度治安が安定することになる．このような治安の安定も，民兵が住民に提供できるサービスの一種だ．その結果，民兵は徴税・徴募やサービス提供のために行政機構を整備することになるが，彼らは住民に対し埋葬方法や場所のような神話的・宗教的分野や，家庭内暴力，個人の外見・服装，性的品行，言論のような分野に影響を及ぼそうとすることもある．さらに，「国旗」や「国歌」を制定したり，通貨を発行したり，歴史や文化の教育をする場合もある．これは，分離独立闘争の当事者となる民兵に多くみられる行動だ［髙岡 2021a: 291-293］．しかし，民兵が制圧した地域には既存の慣行や社会があるため，民兵による統治やそのための制度が制圧地に全く新しい体制を導入するとは限らない．民兵は，現地の専門職や行政職に就く者の一部を取り込んで統治のために使役することもある．このような事情から，民兵による統治は，彼らが反乱を起こし，非難の対象としていた既存の政府による統治のまねごとに終わってしまう場合もある［Arjona et al. 2015: 10］．

## ⑶　人はなぜテロリストになるのか

　シリア紛争で注目すべき点の一つに，紛争にアル＝カーイダや「イスラーム国[5]」に代表されるイスラーム過激派のテロ組織が参加し，広大な領域を占拠しその住民を統治したことも挙げられる．諸派は，彼らがイスラーム統治と主張する法規や制度に基づいて統治を行い，特に「イスラーム国」の首領がカリフを僭称し，カリフを元首とするカリフ国の復活を主張したことは注目を集めた．テロリスト，テロ組織と考えられていた者たちが広範囲を統治し，現代的な意味とは異なる論理的枠組みに基づく国家の建設を試みたことは，非国家武装主体の研究でも，イスラーム主義の研究でも重要な研究解題を提起した．しかも，イスラーム過激派諸派はシリア紛争に参戦するにあたり，世界各地からヒト・モノ・カネなどの資源を大量に調達し，シリアに送り込んだ．本書では，この問題を民兵による資源の調達という観点から分析するが，そのためにも本節で人はなぜテロ組織の勧誘に応じ，組織の構成員になるのかという問題について検討する．なお，テロリズムや，アル＝カーイダや，「イスラーム国」のような運動・現象をいかに定義し，どのように呼称するかについて広汎な合意や共通の定義は存在しない．定義についての詳細な議論は本書の意図するところではないため，本書ではテロリズムを「殺人を通じて政敵を抑制・無力化・抹殺しようとする行動であり，政治行動の一形態」，イスラーム主義を「宗教としてのイスラームへの進行を思想的基盤とし，公的領域におけるイスラーム的価値の実現を求める政治的イデオロギー」，イスラーム過激派を「イスラーム主義を信奉する者たちの中で，その政治目標を達成する手段として専らテロリズムに依拠する者たち」［髙岡 2023: 19-20］と定義して議論を進める．

　テロリズムを上記のように定義すると，それを政治行動として採用し，テロ組織を創業・経営し，テロ行為を企画・実行する者たちは，行動を

起こす理由となる政治問題について明確な意見を持つ者たちである．また，彼らは，周囲の政治・社会問題について彼らなりに分析して政治目的を定め，それについて他者の支持を獲得する知的能力と，目的達成のための行動に必要な資源を調達する経済的な能力を持つ者たちだ．また，彼らは自らの政治目的が正当であると確信し，敵対する政府や機関からの弾圧や攻撃のような極めて高い機会費用をものともせずに活動する．

つまり，テロリストとしてテロ組織を指揮する者たちは，自分の主義主張と活動の正しさを信じている人々である．さらに，彼らはある程度高度な教育を受けるとともに，経済的にも比較的余裕のある者の場合が多い．これに対し，テロ組織が一定の規模より大きく（例えば内戦を起こす程度に）なると，組織の政治目的や理念を全く理解せず，報酬や戦利品を目当てとする者が構成員の多数を占めるようになる．テロ行為や軍事作戦での手柄に寄せられる組織内外からの賞賛や承認も，そうした構成員たちが欲するものの一つだろう．このような構成員は，元々の社会経済的地位や教育水準が高くない者たちだろう．テロ組織も含むシリア紛争の当事者となった民兵諸組織が構成員に提供した報酬や福利厚生などについては，個別に後述する．重要な点は，テロ組織には組織を経営するテロリストと，組織の目的や理念にはあまり関心を持たず，テロ組織に雇用されていたり，利得目的で活動に参加したりする末端の構成員とがいるという点だ．全てのテロリストが生きる目的をなくした人ではないし，貧困と不充分な教育という要因は一般に信じられているほどテロリズムとの関係が強くない［クルーガー 2008: 58-65］．

シリア紛争では，テロ組織を含む諸般の民兵の中に極めて大規模なものが現れたため，誰がなぜテロ組織の構成員になるのかというというに対し，より学術的な分析が必要となった．テロ組織に加わる者の平均的な姿として，「10 代後半から 30 代前半の独身男性，高等教育を受けて

いる，大抵の場合精神的に健康である」と指摘されている．精神的に問題のある者は，通常テロ組織から排除されるからだ．また，国境を越えて活動するイスラーム過激派の戦闘員や活動家にとって，彼らの行動は不信仰者の侵略からイスラーム共同体を守るため，全てのムスリムが参加すべき「個人義務」である［Mizobuchi and Takaoka 2022］．イスラーム過激派の構成員たちは，自らをこの「個人義務」を果たす者であると主張する．個人がテロリズムや反乱に参加する心理的要因についての研究では，テロリズムや反乱に参加する者を「生存者」,「喪失者」,「ごろつき」,「野心家」,「被抑圧者」,「理想家」に分類した.「生存者」とは，テロリズムや反乱に参加しないコストよりも参加するコストの方が安いと考え，生き延びるために参加した者である.「喪失者」とは，生きる目的を失い，テロリズムや反乱に参加することによってそれを見出そうとする者だ.「ごろつき」は，テロリズムや反乱への参加により日ごろの犯罪や不良行為が正当で賞賛や支持を受ける行為に転じることができるため，テロリズムや反乱に惹き付けられる.「野心家」は物理的利益，名誉，権力などを獲得するために，テロリズムや反乱に参加する.「被抑圧者」は，世の中を支配する不正を暴力によって変革しようとする.「理想家」は，不正を打倒し，自らの理想郷を作るためにテロリズムや反乱に参加する［Metz 2012］．この分類のうち，シリア紛争で重視すべきなのは「生存者」だろう．なぜなら，シリア紛争の結果500万人以上が国外に避難し，帰還も進んでいないが，徴兵忌避も主な理由の一つだからだ．国外に脱出できない事情のある者には，懲罰や弾圧を恐れて正規の軍・治安部隊や親政府民兵の動員に応じた者もいるだろう．また，反体制派やイスラーム過激派の制圧地では，これらの諸派を支持したり，これに加わったりしないコストが極めて高いことが予想されるからだ．

　また，シリア紛争の現場周辺で大規模な社会調査を実施し，民兵の現

役戦闘員（自由シリア軍の者，イスラーム過激派の者の両方を含む），民兵を離脱して戦闘から離れた者，シリアの民間人，トルコに脱出した避難民からサンプルを募り，なぜ戦闘に加わるのか（加わらないのか）や将来の見通しや目標のために危険を冒すことへの許容度を問うた調査も実施された．それによると，危険を冒すことへの許容度が高く，（政治目標達成について）将来を楽観し，民兵集団と帰属意識が融合している者が，暴力に動員され，戦うことへの決意を維持しやすいとの傾向があることが判明した［Mironova et al. 2019］．シリア紛争の文脈では，第 2 章で述べる通り，早期に反体制運動が勝利して政府が打倒される，或いはそのための国際的な軍事介入が実施されるとの楽観的な見通しも強かったため，これが反体制武装闘争への参加者の増加と，彼らが闘い続ける道を選んだことに影響を与えている可能性がある．

## 2　シリア紛争の勃発と展開

　民兵について詳細に論じる前に，彼らの活動の舞台となったシリア紛争の展開を振り返っておこう．紛争の経緯やその間に発生したシリア内外での様々なできごとは，個々の民兵組織の結成や盛衰とも密接に関係している．2011 年 1 月，チュニジアで当時のベン・アリー（Zayn al-ʻĀbidīn bin ʻAlī）大統領が人民の抗議行動に屈して国外に逃亡し，同大統領の長期政権が打倒されたことは，アラブ諸国の内外に大きな反響を呼んだ．強固だと信じられてきた権威主義体制が人民の平和的な抗議行動によって打倒可能で，その後円滑に民主主義へと移行するであろうとの楽観的な見通しが広がったのである．この楽観的な見通しは，チュニジアを端緒としてエジプト，リビア，イエメン，そしてシリアへの波及した政治変動が，「アラブの春」と呼ばれたことにも反映されている．チュニジ

アとエジプトでは，軍が抗議行動を鎮圧することを拒み，組織として当時の為政者から離反したが，これは SNS (Social Networking Services) を駆使し国際的な報道機関をも巻き込んだ平和的抗議行動によって，軍の離反と体制打倒を呼びかけるという各国の運動の実践に影響を与えた．それだけでなく，チュニジアやエジプトでの抗議行動に対する軍の反応は，多数の参加者を動員し国際的報道にも大きく取り上げられる抗議行動を前に，軍や治安部隊が容易に武力弾圧に乗り出すことはできないという期待や見通しを広げたという点で，抗議行動の参加者たちの機会費用の判断に影響を与えたと思われる．

　こうして，2011 年 3 月にはシリアにも抗議行動が波及した．抗議行動は，南部のダラア市での児童の落書きに対する治安当局の過剰反応を発端として，全国に拡大していった．改革を求めて平和的に行われた抗議行動に対する政府側の暴力的な弾圧や部族の習慣・礼節への無理解が，抗議行動の拡大と武装闘争への転換を促したと複数の研究で指摘されている[6]．暴力的な弾圧の最前線に現れたのが，シャッビーハと呼ばれる民兵たちであった．シャッビーハについては第 2 章第 5 節でも触れるが，彼らは抗議行動の参加者らから，アラウィー派の高官や実業家の配下の用心棒かならず者で，その振る舞いは宗派としての既得権益を守るものに見えた．弾圧の暴力性が強まるとともに，抗議行動の参加者の側にも武装闘争に乗り出す者たちが現れた．当初彼らは，街区や集落単位の武装集団として活動した．また，チュニジアやエジプトで起きたように，軍や治安部隊が弾圧を拒んで命令拒否や離反を起こすとの期待や見通しの下，兵士や警官が“離反”して反体制闘争に加わった事例も報道機関や SNS を通じて大々的に取り上げられた．アメリカや EU 諸国の政府，アラブ諸国の一部の報道機関は，抗議行動と軍，政府高官の離反によりシリアの体制が早期に，しかもさしたる混乱もなく崩壊するとの見通し

の下，シリア政府の正統性を否定し，B. アサド大統領ら政権の高官に経済制裁を科した．

　軍や治安部隊からの離反者たちの受け皿として，あるいはシリア軍の"離反"の象徴としての役割を期待されたのが，2011 年 9 月にシリア軍を離反した佐官を"司令官"とする自由シリア軍である．ただし，シリア軍からの離反は，軍を挙げた離反でも，組織の機能を保った状態で部隊や施設が離反したのでもなく，個人単位での逃亡や徴兵忌避の水準にとどまった．このため，反体制武装闘争の当事者となった諸集団が相次いで自由シリア軍を名乗ったものの，その実態は統一された指揮系統も兵站機能も持たず，雑多な民兵集団が自由シリア軍を名乗って個別に活動しているという姿が，反体制派民兵の実態に近かった．

　反体制運動が平和的抗議行動から武装闘争へと転換した上で重要なのは，2011 年 3 月にリビアでの反体制運動への弾圧に対し，国際連合安全保障理事会で反体制派を弾圧から保護するための軍事介入を認める決議が採択され，アメリカなどを中心とする諸国が当時のムアンマル・カッザーフィー（Mu'ammar al-Qaddhāfī）政権に対する攻撃を開始したことだ．シリアでは，反体制派を代表する政治連合を形成する，反体制武装闘争を一本化する，そして政権側の残虐さが国際的な世論を動かす，などの条件を満たして，欧米諸国の軍事介入を促し，政権を打倒しようとする戦術が反体制派の軍事・広報の場に広がった．しかし，リビアへの軍事介入が単なる住民の保護にとどまらず，カッザーフィー政権打倒にまで発展したことから，安保理常任理事国のロシアは，シリアへの軍事介入を可能とする安保理決議案に徹底的に拒否権を行使し続けた．中国の行動もロシアとほぼ同様だった．

　反体制民兵諸派は，欧米諸国による軍事介入や支援を期待して活動するとともに，団体ごとに個別に世界各国から支援を募って活動した．し

かし，このような活動のありかた自体がシリアの反体制武装闘争の弱体の証左でもあった．さらに，雑多な団体に様々な当事者が各々の目的に基づいて支援を提供したことは，第２章第２節，第３節で論じるとおり，政治的傾向もシリアの将来像も共有しない民兵諸派の乱立や，民兵の個人的・組織的な腐敗と堕落を招いた．反体制派民兵の中には，アラビア半島の産油国の資金提供者らからの援助をより容易に獲得するため，イスラーム主義に迎合する政治的な目的や綱領へと変更する団体も現れるようになった．

　政権を打倒するほど強力だったわけではない反体制派民兵諸派に代わって，武装闘争の主力となったのがイスラーム過激派民兵諸派だった．それを構成した者には，抗議行動を懐柔するために政府が釈放した収監者のイスラーム主義者や，ムスリム同胞団[7]のようにシリア国内の反体制派として長年の活動歴がある団体も含まれたが，チュニジア，リビア，イラクなどから流入した外国人戦闘員や，アル＝カーイダなど国際的に活動するイスラーム過激派の活動家の存在も無視できない．シリアやレバノンでも，アル＝カーイダやそれに類するイスラーム過激派諸派が活動しており，アブドゥッラー・アッザーム部隊[8]やファタハ・イスラーム[9]など国際的に知名度の高い団体もあった．だが，これらの団体は，シリア領内での戦闘には直接関与しないとの立場で，主に広報分野で反体制派を支援した．戦闘の主力となったイスラーム過激派で特に著名なヌスラ戦線（第２章第１節，第２節を参照）は，遅くとも2011年末から2012年初頭には出現した．同じ時期，シャーム自由人運動もイスラーム過激派の有力団体として成長した．2012年の時点で，シリアで活動するイスラーム過激派諸派とアル＝カーイダとの関係は判然としなかったが，アメリカは2012年12月にヌスラ戦線をイラク・イスラーム国と同一の団体であると判断し，ヌスラ戦線をテロ組織に指定した．ところが，シリ

アの反体制派はこの指定に異議を唱え，取り消しを要求した［髙岡 2013a: 88-89］．

　2012 年に入ると，反体制派民兵による "解放区" が拡大し，ダマスカスやアレッポのような大都市にも戦闘が拡大した．政府軍は兵士の離反に苦しみ兵力不足に陥ったため，防衛する地域をアレッポとダマスカスとを結ぶ幹線道路を中心とする地域に限定し，地方から兵力を引き上げた．政府軍が撤収したハサカ県北部，アレッポ県アフリーンなどのクルド人の居住地では，クルド人の組織である民主統一党（PYD）傘下の民兵である人民防衛隊（YPG）が政府軍の空白を埋めるかのように地域を制圧した．PYD は，クルディスタン労働者党（PKK）のシリアでの支部組織とされる．一方，シリア政府は YPG の制圧地域拡大を抑えるため，ハサカ県で政府を支持するアラブの諸部族に武器を供与し，親政府民兵を育成した．

　親政府民兵の編成は，正規軍の量・質の不足を補う手段だった．民兵は，当初街区や集落ごとに人民委員会との名称で自警団を設置することから始まったが，親政府民兵を動員したのは，民族，宗教・宗派集団，政党，実業家など様々な集団だった．親政府民兵は，2013 年以降イランからの武器や訓練の提供を受けつつ，国家防衛隊との名称でより公的な存在として統合・組織化されていった．親政府の立場でシリア紛争を戦った民兵には，非シリア人・外国起源ものも含まれる．シリア在住のパレスチナ諸派，レバノンのヒズブッラーや，イラクのシーア派民兵諸派，イラン，アフガニスタン，パキスタンなどのシーア派の者たちによる民兵が，シリアで活動した．外国から動員された民兵は，当初シーア派の参詣地の防衛のような任務に就いていたが，2013 年 5 月に政府軍がホムス県クサイル市を反体制派から解放した際には，ヒズブッラーの部隊が公然と戦闘に参加した．ヒズブッラーはシリア紛争勃発以来，政

府に与してシリア領内で活動していたと考えられていたが，クサイルでの戦闘以後公然と戦闘に参加するようになった.

　イラク・イスラーム国は，2008年頃からイラクでの活動が行き詰まって衰退していたが，シリアでのヌスラ戦線の成功に自派の勢力回復への自信を深めた. そこで，2013年4月に当時の指導者だったアブー・バクル・バグダーディー（Abū Bakr al-Baghdādī）が演説し，ヌスラ戦線はイラク・イスラーム国の一部にすぎず，今後は統合の上イラクとシャームのイスラーム国として活動すると発表した. これにヌスラ戦線の一部が事前に相談を受けていないと反発し，彼らはアル=カーイダの指導者のアイマン・ザワーヒリー（Ayman al-Ẓawāhirī）に独自に忠誠を表明した. シリアの反体制派民兵で最有力だった団体が，テロ組織として国際的に追跡，討伐されるべき団体の傘下団体に過ぎなかったことが明らかになったのである［髙岡 2023: 82］. イラクとシャームのイスラーム国は，2014年初頭に競合するイスラーム過激派や反体制派の民兵を排除して単独でラッカ市を制圧した. また，同年6月にはモスル市を占拠するなどイラクで勢力を拡大し，その勢いに乗ってシリアでもユーフラテス川沿岸などの東部・北東部，パルミラ市などの中部，アレッポ県やハマ県などの北部，ダマスカス市の近郊に占拠地を広げた. 同派の活動は，ラタキア県やタルトゥース県のような，比較的平穏だった地域にも及んだ.

　反体制派は戦闘の主役をイスラーム過激派に譲る形となったが，リビアの例を念頭に外交活動や広報活動を通じて欧米諸国の世論を動かし，各国の軍事介入によって政府側を打倒しようとした. 2013年夏には，ダマスカス郊外で政府軍が化学兵器を使用したとされる事件が発生し，シリア政府を"懲罰"するためにアメリカなどが軍事行動を起こそうとした. しかし，各国は化学兵器の使用を理由にシリアに軍事介入することはなく，その後も幾度か発生した政府軍によるとされる化学兵器の使

用に対しても，シリア紛争全般に影響を与えるような軍事介入はなかった．

　2014年6月末，イラクとシャームのイスラーム国は指導者のバグダーディーがカリフを僭称し，自派はカリフ制に基づく国家であると主張して「イスラーム国」と改称した．「イスラーム国」はイラクとシリアとの国境を破壊し，両国で占拠地を拡大しようとした．これを受け，2014年8月にはアメリカを中心とする連合軍がイラクとシリアで「イスラーム国」に対する軍事行動を開始した．連合軍は大規模な地上部隊を派遣して直接「イスラーム国」と交戦するのを避けたため，イラクでの地上戦では，イラク政府軍だけでなくクルド地区の部隊，そしてイラクのシーア派から動員された民兵の連合体である人民動員隊が地上で連合軍と提携する部隊となった．連合軍はシリアでも地上戦を担う現地の提携勢力を必要としたが，シリア紛争の過程でシリア政府の正統性を否定した以上，シリア政府と連携することは不可能だった．一方，アメリカなどの諸国は，シリア紛争や「イスラーム国」対策での地上戦を担う民兵の育成に失敗したため（第2章第3節），アメリカはクルド民族主義勢力の民兵を現地の提携勢力として支援することになった．

　2015年前半は，反体制派とイスラーム過激派諸派とが連合して南北で制圧地を広げた．特に，イドリブ県はヌスラ戦線を主力とする連合に制圧された．「イスラーム国」は他の民兵諸派とは敵対したが，こちらも独自の活動で東部と中部で制圧地を広げた．しかし，政府軍の軍事的劣勢を受け，2015年9月にロシアが政府を支援して本格的な軍事介入に踏み切ると，形勢が変化した．この時点では，「イスラーム国」が東から，反体制派とイスラーム過激派諸派が西と南から政府の制圧地域を挟撃する形勢で，中部から東部にかけてのパルミラとダイル・ザウルが政府と「イスラーム国」との，北部のアレッポ市が政府と反対体制派，

イスラーム過激派諸派との攻防の中心となった．これらの戦場には，与党バアス党[11]が編成したバアス大隊や，在シリアのパレスチナ諸派を基に編成されたエルサレム旅団などの親政府民兵も現れた．また，イドリブ県を反体制派・イスラーム過激派諸派が制圧したことにより，元々はイラクで活動していたアンサール・イスラーム団[12]，中国のウイグル人からなるトルキスタン・イスラーム党（TIP）[13]のような，外国起源のイスラーム過激派の民兵がイドリブ県を中心とする地域に家族ぐるみで入植を進めるようになった．シリアに入植した外国人のイスラーム過激派の中には，外国人師団（Firqat al-Gurabā'）[14]を名乗るフランス出身者とその家族を構成員とする団体も含まれる．こうした中，クルド民族主義勢力は分離主義的とも解されるような印象を薄め，アメリカなどからの支援を受けやすくするため，かつて反体制派として活動していたアラブの部族の民兵や他の民族の民兵と連合し，シリア民主軍（SDF）を結成した．ただし，非YPGの諸派は政治的・軍事的に従属する立場であり，SDFの動向はクルド民族主義の伸張を脅威と認識するトルコを刺激した．戦闘の激化により，一般のシリア人は紛争の進行から疎外され，結果としてシリア内外で1000万人以上が難民・避難民となった．シリア難民・避難民がEU諸国への入域を求めて殺到した「難民危機」はこの時期に顕在化した．

　SDFは，アメリカが率いる連合軍が行う「イスラーム国」に対する空爆と連携してシリア北東部で活動する一方，トルコとの国境に沿って西方にも進出した．これは，シリアでの主要なクルド人の居住地が，ハサカ県カーミシリー，アレッポ県北東端のアイン・アラブ（俗称：コバニ），同県北西端のアフリーンだということと関係している．YPG，SDFは，政府軍が主要都市や幹線道路へと撤収したことを受け，ハサカ県，ラッカ県，アレッポ県アイン・アラブ，アフリーンを制圧した．さらに，

2016 年になるとアイン・アラブとアフリーンの間の地域にも進出し，この両地を連結しようとした．この動きが，トルコの侵攻を招き，トルコ軍は 2016 年 8 月〜2017 年 3 月にかけて，アイン・アラブとアフリーンの間に位置するジャラーブルス，アアザーズ，バーブを占領した．その際，反体制派民兵諸派の一部がトルコ軍に従属して侵攻と占領に参加した．これらの諸派は，以後トルコの支援を受ける自由シリア軍 (TFSA) と呼ばれる．TFSA はシリア紛争での主体性を喪失し，2018 年，19 年のトルコ軍のシリア侵攻に随伴するとともに，リビアでの戦闘に介入したトルコの意向に沿ってリビアに戦闘員を派遣した．

　ロシアは，シリア政府を軍事的に支援する中で，親政府民兵の育成や再編にも関与するようになった．外国の支援を受ける親政府民兵としては，イランが支援する「イランの民兵」(第 2 章第 5 節第 4 項) が既に活動していたが，シリア政府や正規軍の機構の枠外に自国と親密な関係の民兵を温存しようとするイランに対し，ロシアはシリア政府・軍の機構を強化することを通じた紛争打開を目指した．このようなロシアの方針を受け，シリア軍は親政府民兵を統合し，シリア軍の機構の中で再定義するための第 5 軍団の創設を決定した．第 5 軍団は，親政府民兵だけでなく，政府軍が諸地域を奪回する過程で政府との和解を選択した反体制派民兵諸派も傘下に統合する機能を果たした．ロシアによるシリア政府・軍・親政府民兵への支援は，2016 年末に政府軍が「イスラーム国」やイスラーム過激派諸派による攻撃や占拠を受けていたアレッポ市とその周辺を奪還する戦果につながった[15]．

　「イスラーム国」は，2016 年初頭を最高潮に，次第に勢力が衰退していった．2017 年は同派の退潮が明らかになり，イラクではモスル，シリアではラッカを失陥した．ラッカは，アメリカの支援により SDF が制圧し，SDF はクルド人の居住地ではないユーフラテス川左岸の諸地

域へも制圧地を拡大していった．一方，イスラーム過激派の中でもヌスラ戦線は，シリアの反体制派としての地位を固め，国際的な認知と支援を獲得するため，アル＝カーイダからの「分離」を図った．同派は，2016 年にアル＝カーイダからの分離を宣言し，シャーム征服戦線と改称した．この時点での分離は，国際的な認知と支援を獲得し，シリアのイスラーム過激派諸派の大同団結を図るという，アル＝カーイダの方針に沿った偽装分離と認識された［高岡 2023: 137-138］．ところが，シャーム征服戦線はトルコの支援を受けつつ，イドリブ県周辺でシャーム自由人運動やヌールッディーン・ザンキー運動などイスラーム過激派や自由シリア軍の民兵を排除し，権力の独占を進めた．このような行動は，シャーム征服戦線とアル＝カーイダとの対立の原因となり，シャーム征服戦線は 2017 年にシャーム解放機構と改称して“シリアの反体制派”色を強めるとともに，アル＝カーイダからも独立の団体であると主張した．シャーム解放機構からは，2018 年にアル＝カーイダ忠誠派とも呼ぶべき宗教擁護者機構が分派したが，最終的にはシャーム解放機構が競合する他の民兵を排除・制圧することでイドリブ県での権力をほぼ独占した．同派は，行政サービスの提供などをシリア救済内閣に委託し，イスラーム過激派による領域支配という実態を後景化した．

　2017 年には，「イスラーム国」の占拠地域が他の勢力に次々と制圧された．イラクではモスルがイラク政府軍などによって解放されたが，シリアではラッカ[16]をはじめとするユーフラテス川左岸地域を SDF が，ダイル・ザウル，マヤーディーン，アブー・カマールなどユーフラテス川右岸地域をシリア政府軍・親政府民兵が解放した[17]．「イスラーム国」の占拠地域は，2019 年 3 月に最後の拠点だったバーグーズが SDF によって制圧されたことにより解消した．「イスラーム国」はその後もシリア中部・東部に潜伏し，シリア政府軍・親政府民兵，SDF だけでなく，

民間人に対する攻撃も繰り返しているが，政治的な影響力は著しく減退した．「イスラーム国」の衰退により，シリア紛争とその中での民兵の役割も変化していった．無論，イドリブ県を中心とする地域やダマスカス郊外で政府軍とイスラーム過激派との戦闘が続き，2018年4月には政府軍が化学兵器を使用したと主張するアメリカなどによる空爆が行われるなど，政府対反政府との構図は残った．その一方で，トルコがシリア領への侵攻（2018年1月にアフリーンを占領[19]，2019年10月にシリア北東部の国境地帯を占領[20]）によってSDFを国境地帯から排除しようとしたり，SDFが外国出身者を含む「イスラーム国」の構成員やその家族を多数収監する役割を担ったりするなど，新たな衝突や問題が生じた．特に，「イスラーム国」に合流したEU諸国などの先進国出身者は，送り出し元の諸国が彼らの送還を受け入れたり，彼らを訴追したりすることに消極的だった．EU諸国などは，「イスラーム国」の元構成員らが帰国した後に治安上の脅威となることを恐れながらも，そうした者たちをシリア領内の施設での半ば超法規的なSDFによる収監に委ねることで対処したのである[21]．

　シリアでの戦闘は次第に下火になり，2020年2月〜3月にイドリブ県周辺で政府軍とイスラーム過激派が交戦して以来，軍事的には膠着状態となった．この戦闘では，シリア紛争勃発以来イスラーム過激派を含む反体制派民兵を支援してきたトルコが，イスラーム過激派を保護・代弁する形で戦闘や停戦交渉に関与し，トルコ軍とシリア政府軍・親政府民兵が直接交戦したこともあった．ロシアを交えた停戦合意の結果，ダマスカスとアレッポとを結ぶ幹線道路を政府軍が掌握した[22]．また，沿岸部のラタキアとアレッポとを結ぶ幹線道路の再開や，イスラーム過激派の停戦遵守はトルコが責任を持つことになった．トルコは，配下のTFSAに加え，シャーム解放機構など国際的にテロ組織とみなされている組織とその民兵とも，これを管理したり，彼らと連携したりするよ

うになった．これは，イスラーム過激派にとって，本来はイスラーム共同体を侵略する十字軍の手先であり，非妥協的に闘うべき敵に過ぎないトルコの支援を受け，同国の統制下に入るという，錯綜した状態である．

　以上のように，民兵の活動という視点からシリア紛争の推移を概観すると，シリア紛争で現れた民兵は，紛争の推移やそれを輩出した社会集団の状況や立場だけで振る舞いを決めているのではないことがわかる．民兵の多くはシリア政府だけでなく近隣諸国や域外の大国のような当事者によって支援され，一部は支援国（者）の利益に奉仕して民兵自身の政治目標と矛盾するようにも見える行動をとるようになっていった．つまり，シリア紛争に現れた民兵の活動は，紛争に介入した諸外国に規定されている場合もあるということだ．これは，「イスラーム国」も例外ではない．同派は，シリアに潜伏しシリア領内で活動を続けることにより，アメリカに「イスラーム国」対策というシリア領占拠の正当化事由を提供している．その一方で，「イスラーム国」は戦闘の現場でアメリカ権益への攻撃をほぼ行わなくなった．

## 注

1）人民議会議員の名簿の整備は，公開情報に加え，科学研究助成事業基盤Ｂ（研究課題番号：21H03683）「中東の非国家武装主体の越境的活動に関する比較研究」にてシリア世論調査研究センター（SOCPS）を通じて実施した，人民議会議員への聞き取り調査に基づいて行った．

2）シーア派の一派とされる宗派シリアの宗派別の人口比では約12％を占める．アサド大統領父子ら，現在のシリア政府の高官や有力者に信徒が多い．教義にはキリスト教やシリアの土着宗教が混在していると考えられ，歴史的に異端視されてきた．蔑称的な呼び名として，ヌサイリー派との呼称が用いられることがある．1973年に，当時のレバノンのシーア派イスラーム最高指導評議会のムーサー・サドル（Mūsā al-Ṣadr）議長が，アラウィー派をシーア派として認定した．

3）預言者ムハンマドの慣行（スンナ）と正統な共同体を護持する人々との意味で，イスラーム共同体の団結とコンセンサス形成を重視する．イスラーム教徒（ムスリム）の多数を占め，シリアの宗派別人口比では約76％を占めると推定されている．

4）1980年代〜90年代にアフガニスタンでのソ連に対する戦闘や，同地での戦闘訓練に参加したアラブ人らのネットワークを起源とする．1990年代後半からウサーマ・ビン・ラーディン（Usāma bin Lādin）の指導により世界各地でアメリカ権益を攻撃し，2001年の9.11事件などを引き起こした．2000年代には世界各地のイスラーム過激派がビン・ラーディンに忠誠を表明することを通じてアル＝カーイダのフランチャイズとなる「アル＝カーイダ現象」が生じ，ビン・ラーディンらはアル＝カーイダ総司令部と呼ばれるようになった．2011年5月にビン・ラーディンがアメリカ軍に殺害されたこともあり，アル＝カーイダ総司令部自体の軍事作戦の企画・実行能力は低下している．

5）ヨルダン人のアブー・ムスアブ・ザルカーウィー（Abū Muṣ'ab al-Zarqāwī）が創業したタウヒードとジハード団を起源とする．2000年代初頭に活動地をアフガニスタンからイラクに移し，大規模な爆破事件や外国人の誘拐・斬首などの凶悪事件を多数引き起こした．二大河の国のアル＝カーイダ（2004年），ムジャーヒドゥーン・シューラー評議会（2006年1月），イラク・イスラーム国（2006年秋），イラクとシャームのイスラーム国（2013年）を経て，2014年6月に「イスラーム国」に改称した．

6）［vam Dam 2017］，［Dukhan 2019］など．

7）1928年にエジプトで結成されたイスラーム主義を奉じる大衆組織．シリア，ヨルダン，パレスチナなどアラブ諸国や，非アラブの諸国にも広まった．シリアやエジプトでは有力な反体制運動として弾圧を受けてきた．エジプトでは，2012〜13年に大統領を輩出して与党となったが，2013年のクーデタで政権を追われ，非合法化された．サウジアラビアやUAEも同胞団を危険視して非合法化しているが，カタルやトルコは同胞団に同情的な立場をとる．

8）2000年代からレバノンで活動していたと称するイスラーム過激派組織で，2019年に解散した．2009年にホルムズ海峡での日本のタンカー爆破事件の犯行声明を発表したこともある．

9）2006年に，レバノンで活動していたパレスチナ解放運動団体から分裂して発足したとされる．2007年夏にレバノン北部のパレスチナ難民キャンプを占拠し，レバノン軍と交戦したことで知られる．その後組織は壊滅状態となり，顕著な活動はみられなくなった．

10）中東かわら版2014年度75号「イラク・シリア：「イスラーム国」によるカリフ制樹立宣言への反応」https://www.meij.or.jp/members/kawaraban/20140702151114000000.pdf（2023年2月16日閲覧）

11）アラブ社会主義復興党．1940年代にシリアで結党された，アラブ民族主義政党．

12）1990年代にイラク北部で結成された．2000年代はイラクでアメリカ軍などに対する武装闘争を行い，2005年には日本人の殺害事件を引き起こした．

13）1990年代から活動を開始し，アフガニスタンなどに拠点を置いた．中国のウイグル人からなる団体．

14）イドリブ県で他のイスラーム過激派と連携して戦闘に参加した団体とみられる．2023 年 7 月にインターネット上で出回った同派の広報動画では，2013 年や 2016 年に同派に参加したフランス出身者や，10 歳未満の幼児が多数出演した．

15）中東かわら版 2016 年度 138 号．「シリア：各地の戦闘状況」https://www.meij.or.jp/kawara/2016_138.html（2023 年 2 月 16 日閲覧）

16）中東かわら版 2017 年度 107 号．「シリア：民主シリア軍がラッカを制圧」https://www.meij.or.jp/kawara/2017_107.html（2023 年 2 月 16 日閲覧）

17）中東かわら版 2017 年度 118 号．「シリア：政府軍がアブー・カマールを制圧へ」https://www.meij.or.jp/kawara/2017_118.html（2023 年 2 月 16 日閲覧）

18）中東かわら版 2018 年度 6 号．「シリア：アメリカ，フランス，イギリスが攻撃を実施」https://www.meij.or.jp/kawara/2018_006.html（2023 年 2 月 16 日閲覧）

19）中東かわら版 2017 年度 157 号．「シリア：トルコ軍がアフリーンに侵攻」https://www.meij.or.jp/kawara/2017_157.html（2023 年 2 月 16 日閲覧）

20）中東かわら版 2019 年度 138 号．「シリア：トルコによる侵攻を経た軍事情勢」https://www.meij.or.jp/kawara/2019_138.html（2023 年 2 月 16 日閲覧）

21）中東かわら版 2018 年度 25 号．「シリア：「イスラーム国」構成員の身勝手な主張」https://www.meij.or.jp/kawara/2018_025.html（2023 年 2 月 16 日閲覧）

22）中東かわら版 2019 年度 191 号．「シリア：イドリブ県についてロシアとトルコが停戦合意」https://www.meij.or.jp/kawara/2019_191.html（2023 年 2 月 16 日閲覧）

# 第2章

## シリア紛争に現れた様々な民兵

### ┃ はじめに

　本章では，シリア紛争に現れた様々な民兵を，民兵諸派の立場ごとに，どのような集団からいかにして資源を動員したかに着目して検討する．第1章第1節で検討した通り，どのような者が紛争の現場で民兵に加わるのか，どのような者がテロ組織の構成員となるのかには，個人を取り巻く政治・経済・社会状況や，それらについての機会費用の判断が関係している．個人が属する民族，宗教・宗派，或いは部族のような地縁・血縁集団などの違いは，違いがあればそれが自動的に紛争の原因になったり，民兵を動員する単位となったりするのではない．重要なのは，様々な差異が民兵やテロ組織の政治目標とどう結びつけられ，諸組織が動員の対象にどのように働きかけるかだ．

　これらに加え，シリア紛争ではシリア国外の政府や組織が紛争に参入し，国外から少なからぬ資源を供給した．さらに，「イスラーム国」やその他のイスラーム過激派の一部は，紛争をシリア国内での領域や権力の争奪ではなく，より広域的な闘争の一環と位置付けて世界各地から資源を調達した．シリア国外からの資源の調達については，多くの国から多数の「イスラーム国」の構成員とその家族がシリアに密航して同派に合流した問題として，多数の研究が発表されている．「イスラーム国」

への合流を目指す者たちによる越境移動は，2003 年からのアメリカ軍などによるイラク占領に対する武装闘争に端を発する問題で，武装闘争の場となっている国の領域外で人員勧誘や物資調達をして現場に送り込むためのメカニズムは，シリア紛争の展開だけでなく技術の進歩や関係する諸国の国境管理政策などの影響を受けつつ発展，拡大した．このメカニズムは，本章第 2 節で指摘するとおり「イスラーム国」に固有のものではなく，イスラーム過激派諸派や反体制派も程度の差こそあれ類似の手法やメカニズムを確立してシリア国外から資源を調達した．

　これに対し，シリア政府は様々な経路を通じ，様々な集団から親政府民兵を動員した．親政府民兵の母体は，政党，民族，宗教・宗派，部族，企業など多岐にわたる．その上，レバノン，イラン，イラク，アフガニスタンなどから民兵やその構成員がシリアに来援し，政府に与して戦闘に加わった．その結果，シリア紛争には世界観，紛争への認識，シリアの将来像，政治目的，構成員の身元や背景などが異なる多数の民兵が現れることとなった．なお，これ以降はシリア紛争の当事者となった諸部族について言及することがあるが，個々の部族の詳細については「巻末資料　シリアの諸部族」を参照されたい．

## 1　「イスラーム国」

　組織の信条に鑑みれば，「イスラーム国」はイスラーム過激派の一種として分析すべきものだ．しかし，シリア紛争や隣国のイラクでの同派の活動が，他のイスラーム過激派を圧倒する規模に発展し，「イスラーム国」による動員や統治に関する資料や同派の実践に焦点をあてた先行研究が多数存在するという点と，「イスラーム国」自身が自らはカリフを首長とする"国家"であり，単なる"運動"に過ぎない他のイスラー

ム過激派諸派とは異なる存在であると主張したという同派の主観的な位
置づけという点から，「イスラーム国」を他のイスラーム過激派から独
立の項目を設けて分析する.

　「イスラーム国」の資源の調達のうち，人員の勧誘の面では，第1章
第1節第1項，第2項で検討した通り，同派に加わる者たちにとってそ
れ以外雇用がない場合，政治・経済・社会的理由により同派に加わるこ
との方がよい選択だと判断される場合が考えられる. 特に，イラクやシ
リアで「イスラーム国」によって占拠された地域の住民の場合，機会費
用の判断だけでなく，同派を積極的に支持して（いるかのように装い）これ
に加わらない場合に予想される身の危険も考慮して同派に参加した者が
いた可能性も無視できない. また，「イスラーム国」は，シャンマル部
族出身のサウジ人活動家を通じてダイル・ザウル県などの諸部族との関
係構築を試みた. その際，「イスラーム国」は自派に従う部族の指導者
らに，経済的権益や，一定の部族内自治を与えた［Khaddur and Mazur 2017］.
また，アカイダート部族の氏族の中では，バキールが「イスラーム国」
に，ブーカマールとシュアイタートがヌスラ戦線に与した. また，ブー
シャアバーン部族の者が「イスラーム国」が設置した部族との関係担当
部署を支援した［Dukhan 2019: 145-148］. どのようにして人員を勧誘した
にせよ，2014年8月の時点で「イスラーム国」はシリアで5万人の戦
闘員を擁し，うち2万人以上が外国人だと推定されるまでになった[2].

　活動地・占拠地での人員勧誘以上に注目を集めたのは，「イスラーム
国」による大規模な外国人の勧誘だった. 同派は，スラーム共同体を分
かつ"人工国境"を破壊すると称して，イラクとシリアとの間で自由に
資源を移動させて活動した. その上，アラブ諸国，旧ソ連諸国，EU諸
国，東南アジア諸国など世界各地から人員を勧誘した. 外国から「イス
ラーム国」に合流したに者には，戦闘員になる男性だけでなく，勧誘工

作要員や戦闘員の妻，次世代の母として組織内の役割を担った女性や，構成員が同伴した子供や高齢者もいた．広範囲から多様な人員を勧誘して活動地に潜入させるため，「イスラーム国」は前身団体としてイラクで活動していた時期から，国や地域を超える勧誘と潜入のシステムを確立した．この間の潜入のメカニズムは，(1)実際に潜入する本人である「潜入者」，(2)「潜入者」を勧誘し，ある程度の選抜，訓練，旅程支援を行う「勧誘者」，(3)密航を手引きする「案内者」，(4)「潜入者」を構成員として受け入れる「受入者」の4アクターによって営まれていた．そして，潜入の成否は，「潜入者」本人の意欲や資質ではなく，「勧誘者」，「案内者」，「受入者」の間の連携の巧拙にかかっていた．4アクターのうち，「潜入者」，「勧誘者」は「潜入者」の出身国におり，「案内者」は潜入の経由地となる地域の人々で，実際に紛争地のイラクにいるのは「受入者」のみである．シリア紛争が激化して世界各地からの資源の流入が増えると，「イスラーム国」は国際的な資源動員の手法を拡大・発展させた．あらたな潜入のメカニズムでは，従来の4アクターに加え，「受入者」が発信する情報を翻訳・解説するなどして「潜入者」となる人々に届ける(5)「拡散者」と呼ばれるアクターが現れた．「拡散者」には，「受入者」にあたる「イスラーム国」の構成員でない者，同派と直接的な人的関係を持つわけでもない者が多いが，SNSで勧誘や潜入に役立つ情報を拡散させた．ただし，実際に潜入を成功させ，「イスラーム国」に合流するためには直接の人的接触が不可欠だったので，「潜入者」は潜入のいずれかの段階で「勧誘者」，「案内者」の手引きを受けることになる．それをせずにSNS上の情報のみを頼りに「イスラーム国」に合流しようとした者も少なくなかったが，そのような人々は身許や構成員としての資質や忠誠心を事前に確認することができないため，「イスラーム国」にとっては招かれざる客でもあった．そこ

で，「イスラーム国」は組織の最末端にそのような「潜入者」の人定確認・訓練・選抜を行う部門を設け，それを (6)「仮の受入者」として機能させた [髙岡 2020: 17-20]．

　外国人の中でも，欧米諸国出身の女性が「イスラーム国」の勧誘に応じたのはなぜかが報道や研究上の注目を集めた．女性を含め，どのような人々がなぜ「イスラーム国」に惹き付けられるのかについての先行研究を整理すると，貧困，失業，教育の欠如，差別などの問題と人々が「イスラーム国」に合流することとの関係は強くないこと，「イスラーム国」に合流する人々の年齢や職業，学歴などは多岐にわたり，彼らの人物像を類型化するのは難しいことが指摘できる [髙岡 2021b: 197-199]．「イスラーム国」に合流した欧米人女性の研究[3]では，女性たちは組織内で戦闘員，医療やイスラーム法部門の専門職，SNS などを通じた勧誘などの役割だけでなく，男性構成員の妻・母としての役割を担っている．また，彼女たちが「イスラーム国」に合流した動機として，(1) 夫や男性のパートナーに連れていかれる，(2) あらたな社会を建設する中で役割を果たしたい，(3) 勇敢な配偶者と結婚して家庭を持ちたい，(4) 真正な人間関係や同胞精神に基づく生活がしたいなどが挙げられている．

　資金の調達では，イラクやシリアで占拠した油田・ガス田や金融機関，占拠地での取り立て，考古遺物などの盗掘と密売，身代金目当ての誘拐が挙げられる一方，海外からの送金も相当規模に上った [中東調査会イスラーム過激派モニター班 2015: 98-102]．「イスラーム国」が使用した武器については，同派の広報動画などでイラクやシリアの軍・治安部隊の拠点を制圧した際に奪取した装備を使用している場面が映し出されていることが多い．しかし，戦場で薬莢や兵器を収拾し，その製造番号などから生産者・購入者と，生産・納品時期などを追跡した調査によると，「イスラーム国」は古い備蓄品を使うのではなく，常時新しい武器・弾薬の供

給を受けており，アメリカやサウジなどが東欧の諸国から「シリアの反体制派向けに」購入したものが多数混入していることが明らかになっている．その上，これらの武器は，購入から短期間のうちに「イスラーム国」の手に渡っていた［Conflict Armament Research 2017］．ここからは，「イスラーム国」が同派自身の世界観や政治目標に沿って，シリア国外からも広く資源を動員していたという事実に加え，紛争に介入する過程で「イスラーム国」を利用したり支援したりした当事者が存在したことが示唆されている．

　民兵が構成員に収入や雇用機会を提供する存在である点も，民兵による動員を考察する際に重要だ．「イスラーム国」は，上記に通り多岐にわたる収入源を持ち，それを基に構成員に報酬や福利厚生などの恵まれた待遇を与えたと考えられている．2014 年夏の時点では，シリア人戦闘員には月 400 ドルの給与の他，子供 1 人につき 50 ドル，妻 1 人につき 100 ドルの家族手当が支払われたと言われている．外国人戦闘員には，より多額の給与が支払われていた．女性の戦闘員には，月 200 ドル程度が支払われていた．しかも，「イスラーム国」はアラブ諸国にて住居の提供や結婚の斡旋を誘因とする勧誘も行っていた．「イスラーム国」によるヤズィーディー[4]信徒の女性の性奴隷化も国際的な注目と非難を浴びたが，この被害者らを構成員の性的欲求充足のために提供することも，「イスラーム国」による構成員の処遇の一環である[5]．

　シリア紛争での「イスラーム国」の動員には，以下の特徴がある．第一は，「イスラーム国」はシリア紛争をシリア領内での権益や領域の獲得のための闘いではなく，国境を越えた「イスラーム対異教・背教の闘い」と認識し，自派が制圧地でイスラーム統治を確立したと主張し，そこへ世界中から人員を呼び集めようとしたことである．第二は，シリアやイラクだけでなく世界各地での戦果や理想のイスラーム統治を盛んに

広報し，それによって資源を獲得しようとしたことである．「イスラーム国」が先進国でも様々な襲撃事件を引き起こし，広報したことも，名声を獲得する上で役立った．第三に，「イスラーム国」とは組織の上でも人間関係の上でも全く関係がないにもかかわらず，「イスラーム国」が製作した声明・画像・動画などを SNS などで拡散させる人々＝「拡散者」が多数現れ，同派の広報を支援した点である．これらの特徴は，「イスラーム国」がシリア紛争で効果的に資源を動員する上での強みである．一方，紛争を「イスラーム対異教・背教の闘い」と認識して世界中のスンナ派の者を動員しようとしたことは，イラクとシリアではスンナ派以外の宗教・宗派の信徒やスンナ派でもイスラーム主義を支持しない者を疎外し，不倶戴天の敵として対決する以外選択肢がない存在とした．また，「イスラーム国」の構成員の中には，同派との組織的なつながりも，シリアでの地縁・血縁も欠く者たちが多数おり，これは地元住民からの支持獲得や彼らの組織化を妨げ，「イスラーム国」を地元社会とは異質な外来者としてしまった．しかも，世界各地の「イスラーム国」の共鳴者・模倣者が，資源の調達場所・経由地とすべきアラビア半島，チュニジア，EU 諸国，トルコなどでも襲撃事件を引き起こしたことも，同派の資源の調達を妨げる結果につながった．これらの襲撃は，「イスラーム国」が国境を越えてイスラーム共同体全体を統べる存在であると主張したり，名声や威信を獲得したりする上では不可欠だった．しかし，世界各地で襲撃事件が頻発したことで，事件が起こった各国でも「イスラーム国」はシリアやイラクでの紛争の問題ではなく自国内の治安問題と認識されるようになり，「イスラーム国」への取り締まり強化につながった［髙岡 2020: 19-20］．

　このような経緯で，「イスラーム国」の勢力は衰退し，シリアに潜入する者や同派に加わるシリア人は減少した．シリアの人々が「イスラー

ム国」を外来の勢力と認識したり，「イスラーム国」自身が制圧下の住民の支持を得られなかったりした問題は，同派の動員だけでなく，同派による統治の問題とも密接に関連するが，統治については第3章第1節で検討する．

## 2　イスラーム過激派

　前節で分析した「イスラーム国」の他にも，シリア紛争には多数のイスラーム過激派の民兵が現れた．その中には外国起源の団体，アル＝カーイダの活動家が中心となった団体もある．また，紛争前から拡大していたイスラーム主義者による社会活動や，これまでシリアが経験したイスラーム主義者による反体制闘争の流れを汲む運動が，イスラーム過激派民兵による資源の動員に影響を与えている可能性もある．本節では，イスラーム過激派の多様な起源に留意しつつ，なぜイスラーム過激派が反体制武装闘争の主力になっていったのかに焦点をあてて考察を進める．

　シリアでは，1940年代末にムスタファー・スィバーイー（Muṣṭafā al-Sibāʾī）によってムスリム同胞団が結成された．同胞団は，結成当初から1960年代まで，バアス党などのアラブ民族主義・社会主義政党と競合しつつ，構成員や支持者から国会議員や閣僚を輩出した．1970年にハーフィズ・アサド（H. アサド）が政権を奪取すると，ムスリム同胞団は同人とその親族らからなる政権幹部の宗派的属性に注目し，彼らが属するアラウィー派の非イスラーム性，宗派主義的属性を攻撃して政府と対立した．この対立は1970年代～80年代の武装闘争へと発展したが，これに敗れたムスリム同胞団の活動家たちはシリア国外で反体制運動を続けた［末近 2005］．国外に逃れた活動家の一部には，アブー・ムスアブ・スーリー（Abū Muṣʿab al-Sūrī. 本名：ムスタファー・スィットマルヤム）のよ

うにアル=カーイダなどの国際的なイスラーム過激派の著名活動家となる者もいた.

　1990年代末～2000年代初頭にかけてB. アサドが政治の表舞台に立つと, 改革を標榜して政権基盤の拡大を試みた. その対象には, 教宣・教育分野で活動するイスラーム団体や活動家も含まれていた. この期間, シリアは対外的にもアメリカによるイラク占領 (2003年～), レバノンでのラフィーク・ハリーリー (Rafīq al-Ḥarīrī) 元首相暗殺事件とレバノン駐留シリア軍の撤退 (2005年) など厳しい環境にさらされていたため, 宗教界も含めた国内での支持固めが必要だった. その結果, 2007年の人民議会選挙では, ダマスカス選挙区で新興資本家層と同盟したイスラーム教宣・教育団体の関係者が複数当選するまでになった. シリアの世俗的な反体制派の活動家たちは, この間の状態を「各種のイスラーム団体は, 非政治的活動に注力して生き残りを図るとともに, 政権にも反体制派にもできなかった若者や貧困層の動員に成功した」と評した [髙岡 2018: 206]. また, B. アサドは, イスラエルとの対抗上レバノンのヒズブッラーやパレスチナの反イスラエル抵抗運動のハマースとの連携を強化したが, こうした政策は2007年に当時ダマスカスで活動していたハマースのハーリド・ミシュアル (Khālid Mish'al) 政治局長が市内のモスクで説教の機会を与えられることにつながった [髙尾 2019: 248-249].

　以上のとおり, シリアにはイスラーム主義者による反体制武装闘争の経験も, 教育や社会活動の分野でのイスラーム団体による広汎な動員の経験もあった. ただし, これらの経験の中心地は, ダマスカス, ホムス, ハマ, アレッポなどの都市部とその周辺であり, シリア紛争でイスラーム過激派民兵の活動の中心となった地域と一致しているとは限らない. また, 上述の団体や活動が, 直接イスラーム過激派民兵の母体となったわけではない. シリアでのイスラーム主義者らの経験が, シリア紛争で

活動したイスラーム過激派民兵の全てに直接つながっているわけではないことに注意する必要がある.

　シリア国内で活動してきたイスラームに基づく運動や団体の経験が, イスラーム過激派民兵の主流とは限らない理由として, 紛争勃発当初からシリア国外のイスラーム過激派団体やその支持者から, シリアでの武装闘争のために膨大な資源が寄せられたことが挙げられる. ヌスラ戦線は, その母体となったイラク・イスラーム国が, アル゠カーイダと合意の下で素性を隠してシリア紛争に参戦するために派遣した, イラク・イスラーム国のフロント団体に過ぎなかった. また, シリアの地元起源のより「穏健な」イスラーム主義民兵として期待されたシャーム自由人運動も, 実はアル゠カーイダの古参活動家が結成し, アル゠カーイダの指導者のアイマン・ザワーヒリーと連携して活動していた［髙岡 2023a: 80-83］.

　「テロとの戦い」でアル゠カーイダをはじめとするイスラーム過激派諸派を攻撃や取り締まりの対象としていたアメリカ政府は, このような状況を承知していた. 宗派別の人口割合ではスンナ派が多数の中, 少数派のアラウィー派が政権の要職を占めるシリアが, 人口構成の面でもアラウィー派の「異端性」の面でもイスラーム過激派にとって「理想的な敵」であり, シリアでのジハードのために隣接地のイラクからだけでなく世界中から資源が集まる可能性が予想されていたのである［Kazimi 2011］. こうして, 2012 年 12 月にアメリカ政府はヌスラ戦線をイラク・イスラーム国の別名とみなし, ヌスラ戦線をテロ組織に指定した. しかし, アメリカなどは, シリアのイスラーム過激派による資源の調達に効果的な対策を講じなかった. その理由の一つは, アメリカの政治や言論の分野で, シリア紛争に参戦する外国人戦闘員らに対する極端な楽観や事実の誤認があったことだ. それに基づき, シリア紛争に参戦する外国人戦闘員や民兵諸派は, シリアの革命を支援する善意の人々で, 彼らは

革命が成就すれば治安上の脅威となることなく出身地に帰ると考えられ，外国人民兵の放任や黙認が提唱された［O'bagy 2012］．

　2013年に入ると，政府側で戦う「イランの民兵」と呼ばれる民兵（本章第5節第4項）の存在感が高まり，レバノンのヒズブッラーも紛争に公然と参戦するようになった．それでも，イスラーム過激派対策を含むシリア紛争へのアメリカの関与は活発ではなく，アメリカ政府の態度は火災の現場で「燃えるがままにせよ」と振る舞うかのようだと評された［Berger 2013］．これが意味するところは，シリア紛争では，中東における反米，反イスラエル勢力であるシリア，イラン，ヒズブッラーに対し，イスラーム過激派を主力とする反体制武装闘争が行われることは，アメリカにとって敵対的な勢力を相争わせて消耗させることができるので，シリア紛争の当事者のいずれにも決定的な勝利を収めさせない，ということだ［髙岡 2017: 84］．シリア紛争に対するアメリカの消極的な反応は，2013年夏にダマスカス近郊で政府軍が化学兵器を使用したとされる事件が発生した際に，これを「懲罰」する軍事介入が見送られたことに象徴された．

　以上のような経緯で，イスラーム過激派民兵は外国からの資源の受け皿として成長した．例えば，2014年夏の時点では，「イスラーム国」，ヌスラ戦線，シャーム自由人運動の3団体がシリアに密航した外国人戦闘員のほとんどを受け入れていたと考えられていた．ヌスラ戦線，シャーム自由人運動の外国人戦闘員の多くは，後に「イスラーム国」へと所属先を変えた模様であるが，これには信条面の理由ではなく，個々の戦闘員がより有利な団体へと状況毎に安易に移籍を繰り返している実態が指摘されている［Barrett 2014: 22-25］．また，ヌスラ戦線については，「イスラーム国」と分裂した後も幹部の占める外国人の割合は4割で，戦闘員も30〜35％が外国人だったとの説もある［髙岡 2017: 89］．ここから，

シリア国外からの資源の調達という観点からは「イスラーム国」とその他のイスラーム過激派諸派との違いはあくまで程度の問題にとどまる.

これらに加え，外国のイスラーム過激派組織が直接シリアに派遣されたり，移転してきたりした例もあった．代表例はアンサール・イスラーム団と TIP である．前者は，1990 年代からイラクのクルド地区で活動していた比較的古いイスラーム過激派である．同派は，イラク戦争の際にアル＝カーイダとフセイン政権とを結ぶ団体としてアメリカ軍に攻撃され，いったんは姿を消した．しかし，2004 年頃から同派の流れを汲む武装勢力の活動が活発化した．そして，組織を再建する過程で幾度か改称したが，2007 年にふたたびアンサール・イスラーム団と名乗った．イラクでの同派の活動は，2005 年の日本人殺害事件に代表されるように，関与した外国人の誘拐事件などで被害者のほぼ全員を殺害した残虐性に特徴づけられる［髙岡 2023: 66-67］．これが，2014 年頃にはシリアに移転し，シリア北西部の一角を占拠した．

TIP は，中国の新疆のウイグル人からなるイスラーム過激派団体で，アフガニスタンを主な拠点としていた．しかし，2012 年にその一部がシリアに派遣され，「イスラーム国」やヌスラ戦線と並んで，新疆や世界各地のウイグル人のイスラーム過激派の受け皿となった．TIP は，2000〜5000 人と推定される戦闘員を擁し，2015 年のジスル・シュグール市占拠や，2016 年のアレッポ県，ラタキア県での戦闘で大きな役割を果たした［Lu 2022: 6］．

イスラーム過激派の民兵とは性質が異なるが，イスラーム主義運動としてパレスチナのハマースの動向にも触れておこう．ハマースは，正式名称の"イスラーム抵抗運動"アラビア語綴りからの略称である．同派は，1988 年に発足以来，反イスラエル武装抵抗路線を堅持し，長年シリア政府の支援を受けていた．この間，同派の在外幹部もダマスカスを

主な活動拠点としていたが，シリア紛争が勃発すると，ムスリム同胞団を組織の母体とするという立場や，有力な支援国であるカタルに影響されてシリア政府と絶縁した[6]．シリア在住のパレスチナ人と彼らの政治組織は，シリア紛争に巻き込まれる形で旗幟を鮮明にすることを迫られたが，他の諸派（本章第5節第4項）とは異なり，ハマースは反体制派に与することとなった．ハマースは，ダマスカス南郊のヤルムーク・キャンプで有力な民兵アクナーフ・バイト・マクディスを編成し，反体制派に与して活動した．しかし，「イスラーム国」のヤルムーク侵攻（2015年）に対し親シリア政府のパレスチナ諸派を介してシリア政府の支援を受け入れるようになった［Napolitano 2020: 93-97］．

　イスラーム過激派や後述する反体制派の民兵諸派は，シリア政府がロシアやイランの支援を受けて制圧地を解放していく中で，シリア北東部のイドリブ県を中心とする地域に集結していった．これは，イドリブ県以外の諸地域での戦闘を終結させるにあたり，政府軍やその支援者の部隊に包囲されたイスラーム過激派の兵士と家族を，イスラーム過激派が制圧するイドリブ県に退去させるとの調停策が複数回採用されたからだ．このようにしてイスラーム過激派の兵員と家族をイドリブ県に退去させる方策は，2017年にSDFとアメリカ軍などが「イスラーム国」が占拠していたラッカ市を制圧した際にも用いられた．また，シリア国外からも，レバノン北東部のアルサール村を占拠していたイスラーム過激派をレバノン軍とヒズブッラーが掃討した際，シャーム解放機構はレバノンの治安機関との合意に基づき自派の構成員1000人以上を含むおよそ8000人をイドリブ周辺に退去させた．その結果，2019年の時点でイドリブ県を中心とするシリア北西部には，シリア政府に対する反体制運動の最後の砦であるかのような装いの下，世界的に見ても最も強硬なイスラーム過激派の者6万〜9万人が集結する場となった［Rabil 2019］．

シリア紛争でイスラーム過激派が反体制側の民兵の主力となっていった原因は，上記のような外国勢力の流入だけではない．反体制運動に決起したり，軍・治安部隊から離反したりした者たちによって形成された諸般の民兵が，組織の名称，綱領，活動方針をイスラーム過激派に迎合するかのように変更していったことも，その原因の一つである．民兵諸派がイスラーム過激派に迎合するようになった理由は，資源の動員という観点から理解や説明が可能だ．というのも，アメリカなどがシリア紛争勃発前からイスラーム過激派への資金提供者との嫌疑をかけ，一部は同国による制裁対象になっていた個人や法人が，シリア紛争でもイスラーム過激派の有力な支援者となっていたからだ．カタルの著名人や慈善団体によるイスラーム過激派への資金提供とその放任についての報告書［Weinberg 2014］，国会議員も含むクウェイトの著名人によるイスラーム過激派への資金提供についての報告書［Dickinson 2013］が，イスラーム過激派がシリア国外からの資源の動員で優位に立ったことを示す事例の一端である．反体制派に与してシリア紛争に介入した諸外国は，反体制派民兵を支援することでは一致したが[7]，どのような政策目標の下どのような民兵を支援するかについて統一的な方針は確立されず，各国がバラバラに，時に競合的に援助を実施した．アメリカなどはイスラーム過激派を避け，「穏健な反体制派」と称する民兵への武器供給を試みたが，これは対象の選定や実際の物資の供給に時間がかかるもので，対空ミサイルが供給されないなど受け取り側の需要を満たす援助とも言い難かった[8]．これに対し，個人や比較的小規模な法人からの支援も受けたイスラーム過激派民兵は，アメリカなどから支援される民兵よりも容易に援助を受け取ることができるようになった［Lund 2012: 18］．

　非政府・民間からのイスラーム過激派への資金提供者としては，クウェイトの著名な政治家のムハンマド・ムタイリー（Muḥammad al-Muṭairī)，同国のイスラーム主義者のハジャージ・アジュミー（Ḥajjāj al-ʿAjmī)，カタル慈善基金（Qatar Charity)，トルコの人道支援基金（Humanitarian Relief Foundation)，アラビア半島で活動するウンマ評議会（Umma Conference）が挙げられている［髙岡 2013b: 45］．民兵諸派の中からも資金などの資源を安易に提供するイスラーム主義者に迎合するよう振る舞うものが現れ，民兵諸派の合同や連携を促す出資者に迎合し，出資者の名前を冠した連合を組んだり，攻勢を実施したりした例が指摘されている［Dickinson 2013]．この事例は，反体制派民兵全般の堕落や腐敗の例ともいえるが，イスラーム過激派民兵の中にも，グラバー・シャーム[9]のように，財物や生産設備を略奪したことで知られる民兵も現れた．同派は，2013年頃から 2017 年にアレッポで活動したとされ［Khalaf 2022: 130]，第３章第２節で検討する反体制とイスラーム過激派による統治にも影響を与えた団体だ．なお，同派はアレッポ近郊での領域や権益をめぐる抗争に敗れ，「イスラーム国」によって粛清された．

　イスラーム過激派は，シリア国外から，既存の闘争の継続，宗教的な義務感や義憤を動機とする人員を集めた．一方，シリア国内では，シリア政府の打倒を目指すという政治的立場だけでなく，イスラーム過激派の民兵となった方が，戦果や戦利品や国外から提供される資源を獲得する上で有利だったという，機会獲得の可能性についての判断も構成員を惹きつけた．

## 3　反体制派諸派

　第１章第２節で概観したとおり，自由シリア軍を名乗る諸派をはじめとする反体制派の民兵はシリア紛争の初期段階で影響力を喪失し，イスラーム過激派が反体制武装闘争の主力となった．紛争当初，政府軍から

の離反兵や自らの居住地を防衛しようとする抗議行動参加者による民兵が多数編成された．彼らの多くは，チュニジアやエジプトの政変で軍の離反が当時の政権を退陣に追い込んだ事例や，リビアで諸外国の援助を受けて政府と争った政治・軍事機構の事例を念頭に，自由シリア軍を名乗った．しかし，シリアでは自由シリア軍として多数の民兵を一元的に統制し，資源を供給する体制を構築できなかった．このため，個々の民兵が個別にシリア国外からの援助に頼るようになった．紛争の現場には，旅団（Brigade）と称する民兵団体が1000，より小規模な民兵団体が3000余り乱立した．諸派は一時的な連合を組むことはあっても，全体に共通の戦略を立てることができなかった．また，小規模な民兵が乱立したことにより，諸派は制圧地域を維持，拡大することができないだけでなく，軍閥の様に制圧地から上がる利得の確保に満足するようになっていった[Hinnebusch 2022]．こうして，反体制派諸派は，政府軍やイスラーム過激派に敗北したり，イスラーム過激派を中核とする連合に劣位の立場で加入したり，トルコやアメリカのような外部の当事者に従属したりして今日に至っている．本節は，イスラーム過激派とは異なる信条を持つ反体制派の民兵諸派の動員や活動に焦点をあてる．

　シリア紛争が反体制武装闘争としての性質を強めると，シリア内外で野党や反体制派の立場で活動していた個人や組織が，シリア国民を代表すると称して政治連合を結成した．最も著名な連合は，2011年9月にトルコのイスタンブールで結成されたシリア国民評議会（以下国民評議会）だった．国民評議会は，シリア政府の正統性を否定する諸国からシリア国民の代表として一定の承認を獲得した．しかし，国民評議会は紛争の現場でバラバラの状態で活動する各種民兵や行政サービスを提供する組織を糾合することができず，反体制派を支援する諸外国に見切りをつけられる形で，反体制派を代表する連合体の再編を迫られた．その結果，

2012年11月にカタルのドーハで結成されたのが，シリア革命反体制派勢力国民連立（シリア国民連合とも呼ばれる．以下国民連立）である．しかし，国民連立もシリア内外の反体制派の糾合や大同団結，特にクルド民族主義勢力を含む国内の民兵や政治運動を統合することができなかった．これは，国民連立を主導したアラブ民族主義勢力やイスラーム主義勢力と，クルド人の民族的権利や連邦制などクルド民族主義勢力の主張との折り合いがつかなかったからである［Allsopp 2019: 55］．しかも，国民評議会や国民連立の参加者たちは，他者を貶めることによって自己の権力の伸張を図る行動様式に終始し，彼らはシリア政府と対立するだけでなく，反体制派内部でも対立を繰り返した［青山 2013: 6］．このような行動様式をとる集団に対し，欧米諸国，カタル，サウジ，トルコなど反体制派を政治的・軍事的に支援した諸国が各々の目的に沿って別々の活動家・団体・民兵を支援するという，支援国間の競合が加わり，反体制派の連合体の弱体化に拍車をかけた［International Crisis Croup 2013］．この結果，反体制派の政治連合はシリア国内で指導力を発揮したり，正統性を獲得したりすることと，自由シリア軍を称する民兵やイスラーム過激派の民兵を統制することに失敗した．

　シリアの反体制派政治勢力を通じた民兵の統合や指揮，そして動員が失敗する中，アメリカやイギリス，EU諸国は，イスラーム過激派（=悪い武装勢力）と，自由と民主主義のために決起した民兵（=良い武装勢力）を区別し，後者を育成してシリア政府だけでなく前者をも排除しようとして反体制派の民兵の育成を図った．ただし，ここでいう「良い・悪い」は，民兵の起源や思想的背景によって客観的に判断されたのではなく，民兵を支援した諸国の政策志向に従順か否かに基づく恣意的なもので，支援の結果資源がイスラーム過激派に流出することも少なくなかった［中東調査会イスラーム過激派モニター班 2015: 44-46］．各国は，シリア国外在住

の難民・避難民や，反体制派民兵諸派から人員を募り，彼らに装備や訓練を提供して自らの政策に沿って行動する民兵を動員した．こうした方針により，シリア革命家戦線，ハズム運動などの民兵がアメリカなどの支援を受けるようになった．だが，欧米諸国の支援を受けた民兵は，2015 年ごろまでにはヌスラ戦線に敗北し，影響力を喪失した[10]．また，シリア紛争の当事者である諸国は，それぞれ別個の利害関係と政策を持っていた．例えば，アメリカが反体制派，地上の提携勢力として支援した YPG は，トルコにとってはテロ組織だった．このため，アメリカの支援を受ける民兵（YPG など）と，YPG を嫌うトルコが支援する民兵が交戦する事例もあった[11]．このような経緯もあり，反体制派民兵を育成しようとしたアメリカなどの試みは 2016 年半ばには破綻した．ヌスラ戦線に敗北した民兵諸派をアメリカが再編・支援してシリア領内に送り込んだものの，ヌスラ戦線の脅迫に屈して同派に服従する結果に終わった解放軍の例[12]は，反体制派民兵の弱体と，アメリカによる反体制派民兵支援の失敗の象徴である．

　失敗に終わった反体制派民兵支援の中で，アメリカは民兵の構成員に直接給与を支払った．2015 年に実施された事業では，6000 人の志願者を集め，個人の能力，実績，地位に応じて月額 250〜400 ドル程度を支給する計画だった．ただし，この事業はアメリカの政策に沿って「イスラーム国」と戦う兵員を育成しようとするものだった．このため，シリア政府との戦いを優先しようとする者からは不評で，人員の徴募も訓練も予定通り進まなかった模様である[13]．アメリカによる反体制派支援は，良い武装勢力や（イスラーム過激派ではない）穏健な反体制派を育成するという観点からは目的を達成することができず，次第に縮小した[14]．

　反体制民兵諸派とその構成員の士気と規律の低さ，処遇の悪さも，シリア紛争の初期の段階で広く知られるようになっていた．民兵の構成員

たちの間では，眼前の利得次第で容易に所属を変えることが一般化し，人員はより資源に恵まれたイスラーム過激派に流れた［Lund 2012］．また，前節のとおりイスラーム主義者に迎合した行動をとった方が容易に海外から寄せられる資源を得ることができたため，政治的な振る舞いがイスラーム過激派に近くなる団体も現れた．シリアで「イスラーム国」の戦闘員となった者には，以前自由シリア軍を名乗る民兵の構成員だった者が多数いた．彼らは，自由シリア軍の交戦員だった当時は月間 60 ドル程度の報酬を得ていたが，月間 300 ドルの報酬でヌスラ戦線へと寝返った．次いで，彼らが「イスラーム国」に移籍する際にはより高額の報酬を提示された．「イスラーム国」は，組織が必要とする能力を持つ外国人には月間 1200 ドル以上の報酬を提示した［Bakkour 2022: 191］．

　バラバラに活動し，相互に争ったり，イスラーム過激派へと転向したりするようになった反体制派民兵諸派の一部は，シリア紛争に干渉したトルコによって組織化され，トルコのための任務を果たす民兵へと再編された．それが，トルコの支援を受ける自由シリア軍（TFSA）と呼ばれる諸派である．トルコは，紛争初期には（民族的に近いとされる）トルクメン人の民兵を支援していたが[15]，次第に反体制派民兵への支援を拡大した．2017 年には，これらの民兵をトルコ軍の指揮下に統合したシリア国民軍が編成された．これは，トルコが占領したユーフラテスの盾地域[16]，オリーブの枝地域[17]で活動する，事実上のトルコの傭兵である［青山 2021: 102-103］．シリア国民軍は，自由シリア軍を名乗る民兵諸派がトルコの下で統合・訓練されたもので，シリアでの革命成就などの政治目的を事実上放棄し，諸派間で権益を争奪したり，トルコの意を受けてリビア，アゼルバイジャンの戦場へと派遣されたりした．また，シリア国民軍に加入した団体の中には，「イスラーム国」の元戦闘員が多数加わっているとされる東部自由人連合も含まれるなど，シリア国民軍参加の民兵は

素行に問題が多かった［青山 2021: 103］．シリア国民軍の民兵らのシリア
での活動のために，トルコから毎月 1000 ドルの報酬が支払われたが，
リビアで戦う場合の報酬は月額 2000 ドルとなった．トルコの民間軍事
会社を通じてアゼルバイジャンに派遣された者については，月額
1500〜2000 ドルの報酬が支払われた［青山 2021: 222-223］．なお，トルコは
イドリブ県を占拠するイスラーム過激派民兵の一部に対しても報酬の支
払いや訓練・装備の提供を通じて統制を図り，国家解放戦線（NLF）と
いう連合体に再編した．NLF はイドリブ県でトルコの影響下の民兵連
合として活動したが，後にシャーム解放機構に敗退し，2019 年 10 月に
シリア国民軍に統合した［Yuksel 2019: 4］．ただし，統合後のシリア国民
軍には，イスラーム主義者，国民連立支持者，部族など政治的帰属が異
なる雑多な団体が含まれており，政治的指針も統一的な統制機構もない
という問題点が指摘されている［Shaban 2020］．

## 4　クルド民族主義勢力

　クルド人は，シリア，トルコ，イラク，イランにまたがる地域の居住
している．このため，これらの諸国でのクルド民族主義勢力について
個々の国毎に論じるだけでは，クルドの民族主義運動やそれを担う政治
勢力や民兵についての全体像を把握することが困難になる．中東の非国
家主体の代表的存在としてのクルド民族主義組織の学術的研究が，必須
の課題となっている［今井 2022］．シリアに住むクルド人の間でも，紛争
勃発当初は自然発生的に結成された民兵が自由シリア軍を名乗って活動
した事例があったものの［Allsopp and van Wilgenburg 2019: 91-92］，シリア紛
争でクルド人による民兵の動員の主体となったのは，クルド民族主義を
標榜する各種の政治勢力だった．また，これらの政治勢力は，トルコや

イラクのクルド人の政治勢力の影響下，保護下に身を置きつつ活動を展開してきた［Katman and Muhammad 2022: 236］．

　シリアに居住するクルド人は，ハサカ県カーミシリー，アレッポ県北東部のアイン・アラブ（俗称：コバニ），アレッポ県北西部のアフリーンを主な居住地としている．また，ダマスカスやアレッポのような大都市にもクルド人が居住している．20世紀半ばを過ぎると，シリアでのアラブ民族主義の高揚などに伴いクルド人への差別が問題化し，政治・経済・法的身分・文化などの諸方面での差別待遇とその是正のための運動が起きた．主な問題としては，無国籍クルド人の問題，アラブ・ベルトと呼ばれる問題がある．無国籍クルド人問題とは，1962年大統領法令93号に基づいて実施された「例外的統計」と呼ばれるハサカ県での人口調査の結果，その当時シリアに居住していたクルド人のうち，外国人，無戸籍者と分類された者たちがシリア国籍を失い，その子孫たちもシリア国籍を得られなくなった問題だ．このような者たちは，シリアでの選挙権・被選挙権がないことにとどまらず，国内での移動や進学などでも差別待遇を受けた．1996年の時点で，30万人近くが無国籍状態だとされている［髙岡 2011: 174，同書注49］．

　アラブ・ベルトとは，ハサカ県ラアス・アイン市の西方から，イラクとの国境までにかけての東西275km，南北10〜15kmの帯状の地帯からクルド人を追放し，アラブの農民を入植させようとした事業である．事業自体は1960年代に構想，着手されたものだが，Ḥ. アサドの大統領在任中に規模が縮小され，当初構想された規模では実現しなかった．しかし，数万人のクルド人が追放された上，対象地域の地名をアラブ風に改称する法規が公布され続けた［髙岡 2011: 174-175］．注意すべき点は，シリアでのクルド人の権利の制約や侵害の問題は，Ḥ. アサド，B. アサド両大統領の政権が発足する以前から続いているということだ．シリア紛

争での反体制派も，クルド人の民族的権利の認定や連邦制の導入に反対している．また，イスラーム過激派も世俗的な政治運動であるクルド民族主義勢力を背教者として敵視している．なお，シリア国内で抗議行動が広がった 2011 年 4 月，B. アサド大統領は 2011 年大統領法令 49 号を公布し，無国籍クルド人にシリア国籍を付与する手続きを開始した．この手続きの結果，2013 年末までに無国籍クルド人は 16 万人程度に減少したとされる［Allsopp and van Wilgenburg 2019: note 61］．

　20 世紀初頭のシリアのクルド人の民族主義運動や政治活動は，シリアやレバノンで活動したホーイブーンと呼ばれる文化フォーラムや，シリア共産党を通じて営まれた．ここに，1957 年にシリア・クルディスタン（あるいはクルド）民主党が結党されたことにより，初の民族主義政党が発足した[18]．その後，同党はイラクのクルディスタン民主党（KDP）との関係などを巡って 3 つに分裂した．このような経緯もあり，シリアで活動するクルド民族主義政党は分裂と連合を繰り返し，多数の政党や連合が乱立した．シリア紛争勃発後の 2011 年 10 月に，KDP と親しい諸党がクルド国民評議会（KNC Kurdish National Council）を結成した．一方，1979〜98 年に H. アサド大統領が PKK のアブドゥッラー・オジャラン（Abdullah Öcalan）指導者を庇護したこともあり，PKK によるシリア在住クルド人への浸透や動員が進んだ．PKK のシリア国内組織とみなされる PYD は，2003 年頃から政治活動を活発化させ，2004 年春にカーミシリーでの暴動を契機に発生したクルド人による広汎な暴動でも急進的な立場で暴動に関与した．PYD は，この暴動が武力弾圧を受けたことから民兵の編成を進め，2012 年に YPG の存在を公式に発表した．YPG は，同時期にシリア政府軍が遠隔地から撤収すると，クルド人の居住地をはじめとする諸地域を制圧し，これらの地域では PYD が主導する自治が営まれるようになった．

　一方，KNC を結成した諸派など，その他のクルド民族主義勢力は，シリアでのクルド人問題を平和的に解決するとの方針に沿って，本格的な民兵の動員を行わなかった．こうした中，シリア軍からの離反者，徴兵忌避者のうちのクルド人はシリア国外に逃れるようになった．また，YPG も制圧地での兵員の徴募を行うようになった［Allsopp and van Wilgenburg 2019: 65］が，同党を支持しない者たちも国外に逃れた．シリア国外に逃れたクルド人の主な行き先はイラクのクルド地区だったが，彼らのうち武装闘争への参加を希望する者たちは，イラクのクルド政府の下でロジャヴァ・ペシュメルガとして編成された．2015 年 7 月には，KNC がロジャヴァ・ペシュメルガとの連帯を表明した．ロジャヴァ・ペシュメルガは，2000〜6000 人の兵力を擁するとされ，イラクのクルド地区政府の指揮下で「イスラーム国」との戦闘に参加するなどした．その一方で，彼らがシリア領内に入って活動することは困難だった．PYD は民兵組織の並立を嫌い，ロジャヴァ・ペシュメルガを YPG に吸収すべきと主張したが，KNC は PYD と異なる信条を持つ政治勢力であるため，吸収を拒んだ．また，国民連立がロジャヴァ・ペシュメルガの自由シリア軍への参加を提案した際も，KNC はそのような活動の結果 YPG と衝突する危険性が高まるとの理由でこれを拒んだ．さらに，KNC は YPG が SDF を主導していることを嫌った上，SDF とシリア政府との関係に疑念を持ったことから，ロジャヴァ・ペシュメルガを SDF に参加させることも拒んだ［Allsopp and van Wilgenburg 2019: 58-59］．

　民兵の協働や統合が進まなかったことにみられるように，シリア紛争中クルド民族主義勢力の統合や連合は進まず，シリア領内では PYD/YPG が民兵の活動や制圧地の統治を主導した．PYD と KNC は，イラクのクルド政党の仲介を受けて権力分有のための協議を行い，これは 2012 年 6 月のクルド最高委員会編成合意によって一時結実した．し

かし，PYD がシリア政府の軍や行政機関が撤退した地域の制圧を独断で進めたことにより，同委員会の活動は頓挫した．2014 年 10 月に「イスラーム国」がアイン・アラブ（コバニ）を攻撃した際にも両派による制圧地の共同運営，軍事力の統合についての合意が成立し，これを受けてイラクのペシュメルガがアイン・アラブでの戦闘で YPG に加勢した．しかし，この合意も実行されず [Allsopp and van Wilgenburg 2019: 72-73]，PYD/YPG は制圧地域の運営を排他的に行った（第 3 章第 3 節）．

　クルド民族主義勢力と反体制派との政治的・軍事的連携も失敗に終わった．これは，国民連立のような反体制派では，アラブ民族主義者やイスラーム主義者が有力となり，世俗的なクルド民族主義勢力との政治的目標や立場の調整が容易ではなかったことに起因する．また，反体制派は，YPG が政府軍や行政機関が撤収した後を引き継ぐかのように制圧地を拡大したことから，YPG とシリア政府との共謀を疑い続けた．実際，YPG は 2015 年のハサカ県での「イスラーム国」との戦闘や，2016 年の政府軍によるアレッポ解放の際に，政府軍と連携した．このような経緯があったため，2015 年 10 月にクルド民族主義色を薄め，アラブなどの民兵も統合するアメリカ軍による支援の受け皿として SDF が結成されると，SDF にはアラブの民兵は部族の民兵，国民連立や自由シリア軍にも加盟している民兵など多様な民兵が個別に参加した．こうした動きに対し，ハサカ県ではクルド民族主義勢力とは不仲だったアラブの諸部族が親政府民兵を編成して SDF を牽制したため，SDF 内外の民兵諸派の関係は複雑なものとなった．

　YPG の構成員や，クルド民族主義勢力の自治当局での警察組織にあたるアサーイシュの要員には，報酬が支払われた．オンラインも含むインタビュー調査などによると，YPG の構成員で家族を養うべき立場の者には，給与ではなく支援金との名目で月額 180 ドル程度が，自治当局

に徴募された者には月額 115 ドル程度が支払われていた．アサーイシュ
の要員にも，月額 150 ドル程度が支払われた．一方，SDF に加わった
アラブの戦闘員は，（YPG とは）別の財源から給与を支給されていると述
べており，これは SDF の財源が各種の政治勢力や部族ごとに分権的な
ものであることを示唆している［Allsopp and van Wilgenburg 2019: 122］．

　SDF の結成に伴い，アラブやアッシリア人の武装勢力もこれに統合
され，人数の上ではクルド民族主義勢力が SDF の主力とは言えなく
なった．2017 年の時点で，SDF の兵力は約５万人で，うち２万 3000 人
がアラブとされている［Allsopp and van Wilgenburg 2019: 128］．SDF の傘下に
入ったアラブの民兵としては，シャンマル部族を母体とするサナー
ディードが著名で，同部族の指導者は PYD による自治当局にも幹部と
して取り込まれている［Allsopp and van Wilgenburg 2019: 126］．アッシリア統
一党（the Syriac Union Party）は自警団組織ソトロを結成し，アサーイシュ
と連携して活動した．また，反体制武装闘争よりも PYD と協力してイ
スラーム過激派と戦うことを重視したアッシリア軍事評議会（the Syriac
military Council）もある［Khalaf 2016: 24］．ただし，本書で参照した先行研究
は，ほとんどが SDF をクルド民族主義勢力が主導するものとみなして
おり，政治的に YPG が SDF を主導していることは否定しえない．ク
ルド民族主義勢力による民兵は党派ごとに動員されたが，シリア領内で
の民兵の活動は PYD/YPG が独占した．ここに，クルド民族主義勢力
とは政治的志向が異なるアラブやアッシリア人の民兵も包摂する SDF
が結成されたが，非クルド人の民兵が SDF に加わるのは，軍事的な力
関係，アメリカなど支援国の働きかけ，構成員に支払われる報酬などの
打算的な動機があっただろう．

# 5　親政府民兵

　シリア政府も，紛争に対処する中で様々な方法で多様な民兵を編成した．本節では，政府が動員した親政府民兵について考察する．シリアでは，2011年の紛争勃発当初からデモの弾圧などの場にシャッビーハと呼ばれるやくざ者のような武装集団が現れるようになった．彼らの多くは，密輸などに従事するアラウィー派の実業家や政府高官の配下の者とみなされた．シャッビーハは，「想像しがたいことを行う（幽霊のような）人」との方言で，その起源は1970年代にまでさかのぼるという［青山2017b: 50］．また，シャッビーハについて，「彼らは民間人の姿をしている．1980年代から活動する密輸などに従事するやくざもので，ほとんどがアラウィーであると非難されている．しかし，貧困者が給与目当てで加入する一方，（アラウィーの宗派としての）生き残りをかけて政府を支持している面もある．彼らはアラウィー派やスンナ派の経済人の用心棒のような存在で，シャッビーハの振る舞いが紛争の中での宗派的感情を激化させた」との説明もある［Lesch 2012: 177-178］．しかし，シリア紛争で親政府民兵を編成した集団はアラウィー派にとどまらなかった．その上，親政府民兵を編成した集団は，宗教・宗派集団だけではなく，政党，部族（名望家），実業家など様々だった．紛争で政府側に立った民兵がシャッビーハのみである，つまり親政府民兵はアラウィー派という宗派集団のみが編成したとの見解は，シリア社会に対するアサド政権の広がりを過小評価しているとの指摘［Lund 2015: 2］は，紛争の初期からあった．
　さらに，これらの民兵に加えて，イランやレバノンのヒズブッラー，シリアに活動拠点を置くパレスチナ諸派のような，国外の同盟者がシリア政府に与して紛争に参戦し，アフガニスタンやイラクからも人員を

募って民兵を編成するようになった．また，2015年からシリア紛争に
本格的に軍事介入したロシアも，自らの政策や利害関係に沿って民兵の
編成に関与するようになった．

　親政府民兵に着目する際に留意すべき点は，シリア政府が民兵を起用
する際の法的枠組みである．紛争初期に現れたシャッビーハが半ば犯罪
集団のような存在だったため，彼らを含む親政府民兵は正統性・合法性
を欠くものとみなされるかもしれない．しかし，シリア政府はシリア紛
争以前から軍を補助する武装集団として民兵組織を編成した経験がある．
それが1980年代のムスリム同胞団による反政府武装闘争に対応するた
めにバアス党員を武装させて編成した人民軍である．彼らは検問所の設
置，軍の予備兵力などの役割を担い，法的には現在も存続している．シ
リア軍や兵役について規定した法律である2003年大統領法令18号に付
属する「軍役法」においても，シリア軍の編成を定めた第10条Cにて
シリア軍を構成する追加的戦力として，（1）予備役，（2）人民軍，（3）
状況に応じて創設されるその他の兵力の三種の兵力が規定されている[19]．
この（2），（3）が民兵に相当する戦力であり，シリア軍は，シリア紛争
勃発前から軍の枠内で補助的戦力として民兵を編成することを想定して
いたのである．

　また，2013年には大統領法令55号[20]が公布された．この大統領法令は，
シリア国内に警備会社を設立することを認める法規であるが，これによ
りエネルギー部門の企業・実業家らが砂漠地帯の油田を警備するために
民兵を編成することが合法化された．ただし，上記の「軍役法」第10
条C（3）の規定は非常にあいまいであり，2013年大統領法令55号に
しても，企業・実業家が個別に警備会社を設立し，私兵の様に運営する
ことを容認するかのように解釈できるものだ．こうして，シリア紛争の
様々な局面で，基盤となる社会集団も，編成の経緯も，法的根拠も多様

な，多くの親政府民兵が現れることとなった．

## (1) 政党・実業家

　親政府民兵を動員した主体には，紛争前から活動していた諸政党がある．しかし，シリアの政治の研究で，国会に相当する人民議会や，議会に議席を持つ諸政党や議員の機能・役割・実態は重要な研究対象となってきたわけではない（シリアの政治構造については第4章第1節で詳述する）．諸政党はアサド政権下の人民議会で，バアス党の優位を受け入れた党派だけが公認政党として進歩国民戦線（PNF. Progressive National Front）という連立与党を形成し，常時議席の圧倒的多数を占めてきた［高岡 2011: 158-159］．諸政党のうち，バアス党については1973年に公布された憲法第8条で「国家と社会を指導する党」と規定され，同党に所属することを通じ，軍や治安機関の高官が公的な政治・経済・社会生活に介入するという機能があると指摘されてきた．そして，他の諸党はバアス党に従属し，シリアの政界の多元性を演出するだけの存在とみなされがちだった．こうした政治体制は，2011年の抗議行動を受けて様々な改革措置が導入されることによって変貌を遂げた．2011年8月に公布された政党法でPNFに加盟しない政党も公認される道が開かれた上，2012年2月の国民投票で信任された新憲法により，バアス党の指導的な役割を定めた規定も削除された[21]．かかる状況下で，バアス党がバアス大隊，シリア民族社会党（SSNP. Syrian Social Nationalist Party）が嵐の鷲との名称の民兵を編成[22]して紛争に参加した．この両党は，PNF加盟政党の中で比較的支持・動員の基盤が強いと思われる政党である．

　SSNPは1950年代にバアス党との競合に敗れ，その後長期間にわたってシリア国内での公然活動が禁止されていた．しかし，同党は2000年代にB.アサド大統領が主導した改革の一環として人民議会と

PNF に参加するようになった. シリア紛争勃発時点で, シリア国内で活動する SSNP にはシリア政府支持を明確にし, PNF を通じて人民議会議員を輩出したマルカズ (中心という意味. レバノンの SSNP 本部と連携する) と, 無所属候補として議員を輩出したインティファーダ (蜂起という意味) の2派閥があった. 紛争勃発後, マルカズは嵐の鷲を編成し, インティファーダからはこの派閥の代表のアリー・ハイダル (ʿAlī Ḥaidar) が, 政府と反体制派との対話や和解を担当する閣僚として入閣した (2011〜18年). しかし, ハイダルは自身の派閥の構成員を民兵に動員することを拒否したため, 政治的役割を喪失した. また, シリア紛争を受けた政治改革の一環として, 憲法改正と政党法の制定が行われたが, これによりシリアの選挙に参加する政党はシリア国外に拠点を持つことができなくなった. この状況に対応してマルカズの一部がアマーナ (忠誠という意味) へと分派した [Yonker 2021: 270-271]. SSNP の処遇は, 民兵の編成にとどまらない, 現代シリアの政治研究の上で興味深い課題であるため, 第4章第2節を中心に別途考察する.

　一方, 有力な政党とはみなされていなかったアラブ社会主義者運動か[23]らも, 幹部が諸部族戦闘員軍なる民兵を編成した事例が見られた. また, 非公認政党もそのすべてが政府に敵対したわけではなかった. ハサカ県カーミシリーで活動しているアッシリア人民主党は, 政府に与する立場を維持し, 警察組織ソトロ (同一名称だが SDF 傘下のソトロとは別組織) を編成した [Khalaf 2016: 25].

　政権要人との個人的な関係を基に有利な環境で事業を営んでいた実業家たちも, 親政府民兵を編成したり, 諸派に資金を提供したりした. B. アサド大統領の母方いとこのラーミー・マフルーフ (Rāmī Makhlūf) がそうした実業家の代表的な人物である. 2016年の人民議会選挙でアレッポ選挙区から当選したフサーム・カーティルジー (Ḥusām al-Qāṭirjī)

も，紛争期間中の燃料取引で財を成し，警備会社を設立した実業家として知られている［Awad and Favier 2020a: 18］．また，上述の 2013 年大統領法令 55 号に基づき，エネルギー部門の実業家らが出資した砂漠の鷹が，実業家らが出資して編成された民兵として著名である．

### (2) 部族

　シリア社会を構成する諸集団には，部族が含まれる．シリアに居住する諸民族のうちアラブ，クルド，トルクメンなどの社会には複数の部族があるが，本書では「父系の領域的出自集団」としてアラビア語で「アシーラ（複数形はアシャーイル）」と呼ばれる集団を部族と呼ぶ．シリアの政治では，部族の影響力が強いことが半ば自明視されているが，これはシリア人全般が部族やその指導者，部族主義を政治的に支持していることや，現代のシリアの政治の中で同一の部族が常時強い影響力を誇ってきたことを意味するわけではない．諸部族がどのようなメカニズムで公的な地位や役職を獲得し，政治的な立場を確立しているかについては，第 4 章第 2 節で検討する．

　1920 年代〜40 年代にシリアを統治したフランスの委任統治当局は，統治に従う部族と反抗する部族との待遇に格差を設ける分割統治の発想で部族を処遇したが，これは当時存在した諸部族間の序列や力関係を変更，再編するものではなかった．しかし，軍事・輸送・農業技術の革新や農場経営の拡大などにより，20 世紀半ばには部族間の序列と力関係が変化し始めた．そうした中，社会主義的な政策を掲げるアラブ民族主義勢力が政権を獲得すると，クルド人の政治的排斥や農地改革など，部族の政治的地位にも大きな影響を及ぼす措置が取られた．特に，シリアとエジプトとの合邦期（1958〜61 年），1963 年のバアス党による政権奪取により，社会主義的政策を嫌った伝統的な有力部族（シャンマル，フィド

アーン, ルワーラなど) とその指導者たちがシリアを離れた. H. アサドは急進的な社会主義化政策を改め, 部族指導者の政治・社会的役割を一部容認した. しかし, これは伝統的な有力部族の役割や影響力を温存するのではなく, 政府・軍・バアス党と良好な関係を築いて人材を供給した部族を政治的に優遇するという, 政府の利害に沿った部族間の序列と力関係の再編として顕在化した. B. アサドも部族の処遇でこの手法を踏襲した. この関係では, 部族の側にも, 政府・軍・バアス党の高官と個人的に関係を構築することで国家から資源を引き出し, それを基に部族内外で自身の立場を強化することができるという利点があった [髙岡 2023b].

　シリア紛争が勃発すると, 政府は親しい部族指導者を通じて部族の者たちが抗議行動や反政府武装闘争に加わるのを抑制しようとした. また, 戦闘が激化すると, これらの指導者を通じて部族を基にする親政府民兵を編成した. 一方, 部族の側では, 部族を挙げて離反を宣言したり, 反体制派民兵の結成を宣言したりする活動が見られた. 反体制派民兵を動員した部族で著名なのは, 前節で挙げたシャンマルがある. また, 2012年にはバカーラの指導者のナワーフ・バスィール (Nawāf al-Bashīr) が政府からの離反を宣言し, 国外の反体制派団体に合流した. 紛争への諸部族の立場も外交・学術上の関心事となり, 著名な部族の政治的立場を分類した論考も発表された. そこでは, ハリーリー, ナイーム, ファワーイラ, シャンマルが反体制, ハディーディーユーン, フィドアーン, ジュブール, タイイが政府側, アフサナ, アカイダートが分裂, マワーリー, ブーシャアバーンが態度不明と分類された [Dukhan 2014: 15]. だが, 部族を一枚岩的な集団とみなし, 紛争に対する立場をはっきりと分類する発想には問題も多い. 離反の規模や程度, 紛争期間中の政府との関係は, 部族ごとに異なったし, 同一の部族の中でも親政府, 反政府, イス

ラーム過激派などについた者とに立場が分かれたものも少なくなかったからだ．しかも，部族やその指導者の立場は，時期や政治情勢によって変化した．例えば，上述のバカーラ部族からは，親政府民兵のバーキル旅団が編成された．なお，離反を宣言したバシール自身も2017年初頭に反体制派を離れてシリアに帰国し，以後は親政府の立場で活動している．一方，アラブとクルドが混住しているハサカ県では，アラブ・ベルトに代表される政府の政策や，2004年の暴動の際に鎮圧に協力した部族があったことなどから，クルド民族主義勢力からの報復の可能性を懸念したタイイやシャラービーンが親政府民兵を動員した［Dukhan 2022c: 220］．なお，1973年にユーフラテス川にタブカダムが建設されると，ダムの背後のアサド湖に水没した地域に居住していたブールサーン部族の者たちはアラブ・ベルトの地域に入植した．彼らは現地で，本来の部族名ではなく「水没した者」を意味する al-Magmurīn（マグムーリーン）として知られるようになった［Dukhan 2019: 85-86］．これは，入植したブールサーンの者たちと，現地のクルド人との関係の悪さを示唆しており，「水没した者」から派生した諸般の表現は，半ば蔑称として2004年の暴動の際にも用いられていた［Tejel 2009: 116 note 38］．

　なお，シリア南部のスワイダ県を主な居住地とする宗派集団であるドルーズ派[24]の者たちも，Ḥ. アサド，B. アサドの両政権下で宗教指導者や名望家と政府やバアス党とが長年関係を構築していた．それもあり，ドルーズ派からも地域を防衛する役割を担う親政府民兵が編成された．

### (3) パレスチナ諸派

　シリア政府に与したパレスチナ人の組織としては，パレスチナ解放機構（PLO）のパレスチナ解放軍（PLA）や，パレスチナ解放人民戦線総司令部派（PFLP-GC）[25]，ファタハ・インティファーダ[26]，パレスチナのバアス

党の軍事部門であるサーイカ[27]，人民闘争戦線（PPSF）[28]が挙げられる．PLA とは，PLO の正規軍として編成されたものの，シリアに駐留する数千人は長年実質的にシリア軍の指揮下に置かれてきた軍事組織である．これらの諸派は，世俗的な思想・信条を掲げるとともに，主にシリアとレバノンで活動し，長年にわたりシリア政府の強い影響下で活動してきた団体である．一方，世俗的な団体でも，パレスチナ自治区内でも一定の活動をしているパレスチナ解放人民戦線（PLFP）[29]，パレスチナ解放民主戦線（DFLP）[30]のような諸派がシリア紛争に関与した活動はほとんど見られない．第 2 章第 2 節で触れたとおり，パレスチナ諸派のうちイスラーム主義を信条とするハマースは反体制派に与する民兵を編成し，その構成員の一部は後日「イスラーム国」への人材供給源となった．これに対し，イスラーム主義を信条とするパレスチナ・イスラーム聖戦（PIJ）[31]は，戦闘の現場に現れることはほとんどなかったものの，政治的にシリア政府支持に近い立場をとり続けた．

　ここで，シリア国内に多数のパレスチナ人が居住し，彼らが様々な政治組織と関係している経緯について簡単に触れておこう．シリアは，イスラエルの建国に端を発する中東戦争のうち，第 1 次（1948〜49 年），第 3 次（1967 年），第 4 次（1973 年），そしてイスラエルによるレバノン侵攻（1982 年）で戦闘の当事者となった．また，シリア領には多数のパレスチナ人が避難し，シリア紛争勃発前の時点で同国内には 40 万人以上が在住していた．シリア国内には，難民キャンプと呼ばれるパレスチナ人の街区が 10 カ所ある．これらは，キャンプといってもテントや仮設住宅ではなく，パレスチナ人の避難生活が長期化するうちに形成された集会所，病院，学校，墓地などの施設も備える強固な建築物からなる街区である．このうちダマスカスのヤルムーク，アレッポのナイラブ，ラタキアのアーイドゥーンの諸キャンプがシリア紛争の抗議行動や戦闘の舞台

として著名となった．シリア在住のパレスチナ人は，パレスチナへの帰
還権の主張のため，或いは日常生活で必要なサービスを受けるために，
パレスチナの民族解放運動・政治組織と一定の関係を持ち続けた．それ
らの一部は，軍事部門を擁し，シリアやレバノンに基地を設けて活動し
た．シリア政府は，自らの外交・安全保障・対イスラエル政策に沿って
これらのパレスチナ諸派を統制しようとした．特に，Ḥ. アサドは，レ
バノン内戦（1975～90 年）への介入，PLO とイスラエルとの間のオスロ合
意に反対するパレスチナ人組織 10 派同盟の糾合など，個々の組織と政
治・軍事的関係を結ぶだけでなく，パレスチナ諸派間の同盟や組織の分
裂にも深く関与した．現在 PLO の主流派と位置付けられ，パレスチナ
自治政府（PA）の与党でもあるファタハは，1980 年代にシリアの働きか
けによりファタハ・インティファーダが分裂し，ファタハ自身によるシ
リア国内での公然活動は困難なのだが，これはシリア政府によるパレス
チナ諸派への工作や統制の一例である．このような経緯を経て，
PFLP-GC，ファタハ・インティファーダ，サーイカは，紛争勃発前か
らシリア政府に与する勢力として知られていた．また，シリアやレバノ
ンで活動するパレスチナ諸派の一部には，必要な資源を調達できずに軍
事部門を解体したもの，政治活動もほとんど行わなくなったものもあっ
た［高岡 2008a, 2008b］．

　紛争が勃発すると，シリア国内に住むパレスチナ人やパレスチナ諸派
は困難な立場に立たされた．個人レベルでは，アラブ・イスラエル紛争
が長期化する中，シリアで生まれ育った者がシリア在住のパレスチナ人
の大半を占め，彼らの多くが日常生活でシリア社会の一員として生活し
ていた．また，パレスチナ諸派にとっては，紛争の帰趨・シリアの政治
体制のありかたが組織の命運に直結しうる団体があったし，シリア以外
の活動地での世論や支援国の意向にも配慮しなくてはならない団体も

あった．この結果，パレスチナ諸派の旗幟は，シリア政府を支援したもの，中立ないしは紛争から距離を置いたもの，本章第2節で挙げたハマースのように反体制派についたものへと別れた．

　実際の戦闘には，パレスチナ諸派やシリア軍の指揮下で活動したPLA の他に，パレスチナ人が居住する街区などで編成された民兵が参加した．著名なものとしてはアレッポ近郊のナイラブを中心とする地域で結成されたエルサレム旅団，ダマスカス近郊で組織されたジャリール部隊がある．いずれも数千人の兵力を擁するとされ，ダマスカスやアレッポでの戦闘が収束すると，ホムス県東部の砂漠地帯での戦闘にも派遣された［青山 2017: 34-36, The Meir Intelligence and Terrorism Information Center 2018］．シリア在住のパレスチナ諸派による親政府民兵の動員は，抗議行動に同情的な一般のパレスチナ人も多い中，シリア政府の存廃が自らの存廃にも直結する諸派を中心とするものだった．これは，シリア政府がパレスチナ諸派との既存の関係を活性化させた結果である．その上，ダマスカスやアレッポ近郊の難民キャンプがイスラーム過激派民兵に侵攻，占拠されると，そこでの戦闘はシリアに住むパレスチナ人にとって文字通り住処，居場所を守るための戦闘となった．

### (4)　「イランの民兵」

　イランは，シリア紛争でのシリア政府の最も強力な同盟者・支援者の一つだった．イランは，2011 年頃からレバノンのヒズブッラーや自国の革命防衛隊を通じてシリアの軍・治安部隊・親政府民兵を資金や装備や訓練の面で支援した．また，紛争が激化すると，ヒズブッラーが直接戦闘に参加するようになり，イランの支援を受けるイラクの民兵諸派もこれに続いた．また，それ以外にもイランが動員したアフガニスタン人やパキスタン人の民兵がシリアに展開した．これらの民兵は，政治，報

道，広報，時には学術的研究の場で「イランの民兵」と呼ばれることが多い．この呼称には，イランが 12 イマーム派のシーア派という宗派的[32]帰属に基づき，自国の政治体制や政治的影響力をシリアも含む周辺諸国に輸出・拡大するための先兵としてのイメージが投影されている．しかし，シリアの事例で考えるならば，「イランの民兵」が宗派的帰属，政治目標，イランから受ける影響の強さ，イランが提供した資源などの面で均質な民兵を指すと考えることはできない．なぜなら，元々シリアの人口の宗教・宗派的帰属の上で，イランと同様の 12 イマーム派のシーア派信徒は極めて少数で，その割合はシリアの人口の 2% に満たないからだ［The International Institute for Strategic Studies 2019: 90］．このため，シリア人から数千，数万の 12 イマーム派信徒の民兵を動員することは困難だ．また，レバノン，イラクなどから来援した民兵についても，その出身背景や政治目的，イランとの関係は様々である．つまり，シリア紛争の現場には，「イランの民兵」と言っても宗派的，政治的なイランとの距離の面でも，イランが提供した資源や支援の量質の面でも，その程度が大きく異なる民兵諸派が混在しているということだ．

　「イランの民兵」について具体例を挙げる前に，シリア紛争でイランが親政府民兵を動員した動機や，それらを親イラン勢力としてシリアの政治や社会に扶植する上での方針について検討しよう．シリアはイランと戦略的関係と称される同盟関係にある．イランにとって，シリアの価値は以下の 4 点に要約される．(1) 40 年間にわたり，イランにとって最重要かつ唯一のアラブの同盟国である，(2) シリアはイラン政府に対し，東地中海とアラブ・イスラエル紛争の舞台への経路を提供している．これにより，イランは反イスラエル闘争への団結を示すと共に，地中海東岸に勢力を扶植できる．(3) シリアはイランからレバノンのヒズブッラーへの武器や物資の供給経路である．イランにとって，ヒズブッラー

は革命輸出の唯一の成功例である．（4）シリア政府との結びつきは，政治，軍事，経済的連携においてアラブとイランとの協力の重要な例である．以上のような重要性に鑑みると，イランにとってシリア政府が打倒され，イスラーム過激派を主力とする反体制派に取って代わられることは，これまで維持してきたレバノンからシリア，イラクを経由してイランを結ぶ，物理的，政治的な「親イランの軸」が断ち切られ，逆にシリアがトルコからアラビア半島諸国へとつながる「反イラン，反シーア派の軸」へと組み込まれる脅威となる [Goodarzi 2020: 152-153]．なお，シリアを結節点とする政治的・地理的な軸と，軸の形成に不可欠なシリアを巡る争奪は，1950 年代にトルコ，シリア，イラク，イランを結ぶ枢軸の形成を図る親欧米勢力と，エジプトとシリアとを結ぶ軸を形成しようとするアラブ民族主義勢力との間でも生じている．中東内外の諸国・諸勢力によるシリアを巡る争いは，様々な思想・信条を拠り所としてしばしば発生してきたものだ．重要なのは，シリア外交・安全保障戦略上の要地として多くの当事者の利害が交錯する地だという点だ [髙岡 2014: 34]．

　シリア紛争への関与という個別事例としての考察に加え，近隣諸国や域外の大国へのイランの政策という観点からも，シリアでの「イランの民兵」動員の理由を考察してみよう．イランは，革命防衛隊で対外工作を担当するエルサレム軍団を通じ，シリアだけでなくレバノン，パレスチナ，イラク，イエメンでも民兵を育成，支援してきた．その目的としては，イスラーム革命の輸出，経済・軍事的影響力の扶植，シーア派信徒の保護，通常戦力の強化が挙げられている．2014 年に「イスラーム国」がイラク領内で占拠地を拡大したことに対しイランが軍事と政治の両面で積極的にイラク情勢に介入した件について，イランの意図と目的は地域内の派遣追求やサウジアラビアとの地政学的，宗派的な勢力争いが最重要の背景要因ではなく，シーア派廟を防衛するという宗教的利害

こそが最重要の背景だとの指摘がある［松永 2014: 264］．この指摘を参照すれば，シリア紛争でイランが親政府民兵を動員した当初の活動地域や活動目的が，ダマスカス郊外のザイナブ廟をはじめとするシーア派聖廟とその防衛だったことも符合する．スンナ派とシーア派の宗派的な違いによって自動的に紛争が発生するわけではないし，宗派的な違いが常に対立や紛争の要因を説明するわけでもない．しかし，シーア派イスラーム革命体制だというイランの政治体制の性質は，イランの外交・防衛政策を説明する要因の一端とはなる．

　一方，通常戦力の強化は，イランが軍事的，政治的な競合者であるアメリカやイスラエルに対して通常戦力で著しく劣っているため，これらの両国を抑止するためにイランの領域内ではなく，両国の境界により近い場所にイラン自身が完全に統制するわけではない戦力を配置し，それを通じて両国に圧力をかけようとする発想に基づくものである．また，イラン・イラク戦争での甚大な被害に鑑み，自国が戦場となるような通常戦力による戦争をイラン世論が支持することが期待できない点も，イランが国外で民兵を用いる理由と思われる［Zorri and Ellis 2020: 17-21］．イランがレバノンのヒズブッラー，パレスチナのハマースや PIJ を支援したことや，イラクで親イラン民兵がアメリカ軍と交戦した事例は，紛争地のより敵側に近い場所に戦力を配置した例である．2005 年頃の時点でアフガン戦争とイラク戦争の長期化が予測される中，イラクとアフガニスタンでアメリカ軍と戦う民兵の一部を支援して両国でのアメリカの負担を増大させたこと，ヒズブッラーやハマースなどとの関係をより強化したことは，アメリカやイスラエルがイランを攻撃することへの抑止力を強化する試みと考えられている［ケイワン 2016: 215-216］．

　シリア紛争でも，イランはシリア政府を擁護してこれを支援した一方，シリア政府が崩壊した場合でもイランの意向に沿って行動する民兵を育

成しようとした．地理的にみると，シリアはイランがイスラエルと対峙する前線であるとともに，もう一つの前線であるレバノンとイランとを結ぶ経路でもある．イランは，イスラエルと対峙する前線に「イランの民兵」を配することにより，イランから地中海東岸までを結ぶ陸路を確保しようとした．そしてイランは，これらの民兵をシリア政府を通さずに制御するとともに，シリア政府が完全に統制できない状態で，シリア国内で法的な正統性を与えようと試みた．このような方針は，シリア政府はもちろん，紛争に介入したロシアの方針とも齟齬をきたすものである．この点については，民兵の統制や動員解除について検討する第4章第3節で改めて触れる．

　ただし，シリア紛争での「イランの民兵」の役割は，レバノン，パレスチナ，イラク，イエメンでの親イラン民兵の役割とは異なる性質のものである点にも留意しなくてはならない．シリア紛争でイラン（革命防衛隊[33]）が担った任務は，これまでのイランの対外軍事思想と著しく異なる．イランは，2003〜08年のイラクでは反乱軍（民兵）を利用してアメリカの正規軍を攻撃して自国の軍事的，政治的目的を果たそうとした．しかし，シリアではアメリカなどの諸外国が支援する反乱軍（民兵）に対抗する（シリアの）正規軍を強化しなくてはならなくなったのである［The International Institute for Strategic Studies 2019: 21］．すなわち，イランはシリア紛争で，民兵を用いて敵方の政府や正規軍を攻撃してきた従来の活動とは逆に，敵方の民兵の攻撃に対し味方の政府や正規軍を支える役割を果たすことになったのだ．

　イランは，国家防衛隊などの親政府民兵諸派に装備や訓練を提供したり，イラク，アフガニスタン，パキスタンで人員を勧誘した民兵を派遣したりしてシリア紛争に参加する民兵に関与した．また，イランと関係が深いヒズブッラーも，自ら紛争に参戦するとともに，イランと同様に

親政府民兵を育成した．この結果，バーキル旅団，アブー・ファドル・アッバース旅団などが編成された．イラクでの親イラン民兵とされる，カターイブ・ヒズブッラー，アサーイブ・アフル・ハック，ヌジャバー運動，サイード・シュハダー大隊なども，「イランの民兵」に直接・間接に部隊や人員を派遣した．また，アフガニスタンのシーア派信徒から人員を募ったファーティミーユーン，パキスタンのシーア派信徒からなるザイナビーユーンも，「イランの民兵」として著名である．ファーティミーユーン，ザイナビーユーンは，当初ダマスカス南郊のシーア派の廟の警備のために動員されたが，次第に活動範囲を拡大していった．ファーティミーユーンの構成員には，1カ月あたり 450〜700 ドルの報酬と，イランでの市民権，滞在許可，就労許可の付与などの便宜が提供された [Ozdemir 2022: 10]．シリア社会との関係で注目すべき「イランの民兵」は，バーキル旅団である．同派は，アレッポ県に居住していたバカーラ部族の者たちから動員されたものだが，バカーラ部族の者たちの宗派的帰属はスンナ派のことが圧倒的に多い．ただし，バカーラ部族は部族名がムハンマド・バーキルに由来するとされており [髙岡 2011: 10]，この人物は 12 イマーム派のシーア派で第 5 代のイマームに列せられる人物だ．イランはこの縁からバカーラ部族に働きかけた．つまり，イランは宗派的帰属や社会関係の面でイランと近しいと言えない集団からも，「イランの民兵」を育成しようとしたのである．なお，バーキル旅団については，同派が単にシリア政府やイランによる「上からの」動員によって形成された民兵ではなく，紛争を通じてシリア政府の機能が縮小する中で，部族の者たちがその機能の一部を代替すべく草の根的に動員を進めたとする指摘もある [Dukhan 2022b]．

　ヒズブッラーは，自ら部隊を派遣してシリア紛争に参加するとともに，「イランの民兵」の育成でも重要な役割を果たした．同党は，元々イラ

ン革命に触発されてレバノンで結党された政党であるとともに，1982年のイスラエルによるレバノン侵攻の際には，イスラエル軍だけでなくレバノンに展開したアメリカ軍，フランス軍に対する自爆攻撃を実行した武装抵抗運動でもある．ヒズブッラーは，イランを範とするイスラーム統治の樹立を標榜しつつも，レバノンの政治の現実に適応して同国で国会議員や閣僚を輩出している［高岡，溝渕 2015］．また，2006 年にイスラエルと交戦した際，強力な戦闘力を示して国際的な名声を博した．その結果，同党はレバノン政治，中東政治，国際政治を読み解く上でのカギとなる存在［末近 2013: 4］であるとすら言われるようになった．そのヒズブッラーがシリア政府に与してシリア紛争に参戦したことは，同党の名声を損なうとともに，論理的な矛盾をも生じさせた．イスラエルやアメリカなどによるアラブやムスリムに対する抑圧に抵抗するための組織だったヒズブッラーが，シリアでは抗議行動を弾圧する抑圧者である政府に与したとして非難されたのだ．ヒズブッラーはこれらの非難に対し，同党が抑圧者に抵抗し革命を達成するために打倒すべきなのは，シリア政府ではなくイスラエルであるとの論理を展開した．それによると，長年イスラエルと対峙してきたシリア政府はヒズブッラーや市民と同じ被抑圧者の陣営に属するとみなされる［末近 2013: 337-339］．

　むろん，ヒズブッラーがシリア政府に与したことには，現実的な動機もある．シリア政府は，長年イランと共に同党を支援し，シリア領はヒズブッラーにとってイスラエルと対峙する上で不可欠の兵站経路となってきた．すなわち，イランからシリアを経由する兵站経路を防衛することが，ヒズブッラーがシリア紛争に参加する動機となったのだ．このため，ヒズブッラーは 1980 年代から提携関係にある SSNP の民兵を支援したり，シーア派だけでなくキリスト教徒も含むレバノン東部のベカーウ高原の住民の志願者をイスラーム過激派のレバノンへの浸透防止のた

めの自警団として組織したりするなど，宗派や政治的信条に囚われずに民兵の編成に関与した［The International Institute for Strategic Studies 2019: 62］．なお，ヒズブッラーがイランと並んでシリアでの民兵の動員に関与した理由としては，同党がイランに対してもある程度の主体性を持つほど強力な組織であることと並んで，ヒズブッラーの構成員が民族的にはアラブであり，シリアだけでなく中東，さらには世界規模で，イランの機関よりもヒズブッラーの方がアラブ社会に浸透する可能性が高いことも挙げられる［The International Institute for Strategic Studies 2019: 199］．

「イランの民兵」について考察する際には，いくつかの問題点があることも事実だ．その一つは，「イランの民兵」についての情報は，個々の民兵がSNSなどで発信する情報や軍事・安全保障を専門とする研究機関などの調査研究が基になるが，研究機関の一部はシリア紛争の当事者である欧米諸国やトルコの機関であり，それらによる「イランの民兵」の分析には，シリア政府やイランに対する政治的立場，そして分析の結論があらかじめ確定している場合がみられる．つまり，「イランの民兵」の分析は，シリア紛争の当事者が別の当事者について論じるという営みになりがちで，そうした分析には少なくとも学術的には欠陥や限界があることが避けられないのだ．これを背景として，イラン以外の諸国によって動員され，各国の利益に奉仕する民兵が存在することは学術的にも報道の上での注目されにくくなっている．イランが外国から動員したものだけではなく，訓練や装備を提供して動員・育成したシリア出身の民兵も「イランの民兵」とみなすのならば，シリア紛争には「イラン以外の諸国の民兵」も確実に存在する．本章第3節，第4節で挙げたSDFやTFSAは，それぞれアメリカとトルコの利益に奉仕する民兵と考えることができる．また，アメリカ軍がイラクとシリアとを結ぶ国境通過地点であるタンフ一帯を占拠する上で支援した諸派［青山 2021: 123］

も，現政府の打倒とも「イスラーム国」対策とも無関係に，シリアとイランとを結ぶ陸路の一部を遮断するというアメリカの政策に奉仕するためだけのものだ．また，SDF のクルド民族主義的な性質を薄めるために動員されたサナーディード，ラッカ革命家軍も，「アメリカの民兵」の一種だ．ヨルダンも，自国で編成した民兵として自由部族軍という「ヨルダンの民兵」を用いていた [Dukhan 2022c]．これらを見る限り，シリア紛争で現れた民兵について，親政府の民兵は政府やその支援国，政府を支持する政党，実業家，部族などが現地の世論を顧みずに上意下達的に編成したものであり，反体制派，クルド民族主義勢力の民兵は体制打倒やその他の政治目標達成を望む世論を反映した自発的かつ草の根的な民兵だと断定することは困難だ．

　以上のとおり，親政府民兵も出身背景や政治目標が異なる多様な諸派からなっていた．しかも，諸派は資源の調達，兵站，指揮系統の面でも統合されていたとは言い難い．シリア紛争で現政府が打倒される見通しが立たなくなると，政府には親政府民兵諸派の統制や動員解除という新たな課題が浮上した．2012～13 年の時点で多様な親政府民兵を統合し，統制するための試みとして，国家防衛隊の編成が挙げられる．国家防衛隊は，劣悪な待遇や勤務地（=派遣先）を選ぶことができない正規軍による動員や徴兵に不満を持つ者たちを吸収するために編成された．国家防衛隊の構成員は，正規軍の職業軍人が月額 50 ドル程度の給与を得ていた（なお，兵役義務についている者には給与は支払われない）のに対し月額 75 ドルの給与が支払われ，勤務地についても家族の居住地の近辺を選択する裁量があった [Country Information Service of the Finnish Immigration Service 2016: 11, 14-15]．国家防衛隊については，レバノンのヒズブッラーやイランの革命防衛隊から訓練を受け，シリア軍の監督下で諸都市・集落の政府施

設の警備などを任務とし，月額 150〜300 ドルの給与が支払われたとも
言われている［青山 2017a: 26-27］．2017 年には，国家防衛隊を含む民兵諸
派の法的身分を確定するために地域防衛隊が編成されたが，「イランの
民兵」も地域防衛隊に編入されることにより法的地位を獲得していった．
シリア政府をはじめとする諸当事者が親政府民兵の統制や動員解除の問
題にどのように対処しようとしたのかについては，第 4 章第 4 節で検討
する．

**注**

1）「イスラーム国」の構成員らの越境移動のメカニズムについては，［中東調査会イス
　ラーム過激派モニター班 2015: 85, 87］と，［Mizobuchi and Takaoka 2023: 261, 264］
　でその変化について図と共に分析している．

2）中東かわら版 2014 年度 119 号．「シリア：「イスラーム国」の戦闘員の待遇」https:
　//www.meij.or.jp/members/kawaraban/20140825172156000000.pdf（2023 年 3 月 8 日
　閲覧）

3）例えば，［Obe and Silverman 2014］，［Hoyle and Bradford and Ross 2015］，
　［Spencer 2016］など．

4）ヤズィード派ともいう．イラク北部，アナトリア南東部などに居住する．信徒のほ
　とんどは民族的にはクルド人で，信徒人口は 20 万人程度と推定される．ゾロアス
　ター教，マニ教，キリスト教，その他の要素が混交した宗教とされ，しばしばムスリ
　ムから迫害された．「イスラーム国」が，ヤズィーディー信徒の多数居住するイラク
　のシンジャール山地を制圧した際，同派はヤズィーディーの信仰は一神教ではないと
　決め付け，信徒を奴隷化することを認めた．この結果，ヤズィーディー信徒の女性が
　多数「イスラーム国」の性奴隷として売買，贈与，虐待の対象とされた．

5）詳細は，［中東調査会イスラーム過激派モニター班 2015］の第 31, 33, 36, 37, 38
　章を参照．

6）なお，ハマースの信条，ハマースとイスラエルとの武力衝突，ハマースの対外関係
　の観点から，シリア紛争での同派の振る舞いを考察した論考としては，［Akhter
　2022］がある．

7）中東かわら版 2013 年度 125 号．「シリア：反体制派への武器支援」https://www.
　meij.or.jp/members/kawaraban/20130625111827000000.pdf（2023 年 3 月 8 日閲覧）

8）中東かわら版 2014 年度 2 号．「シリア：反体制派向け軍事援助の一端」https:
　//www.meij.or.jp/members/kawaraban/20140409163403000000.pdf（2023 年 3 月 8 日
　閲覧）

9）Ghrabā' al-Shām シャーム異邦人．2007 年頃にイラクやレバノンにシリアのイスラーム過激派要員を送り込んだとされる同名の団体もあるが，これとは別と思われる．

10）中東かわら版 2014 年度 264 号．「シリア：「穏健な反体制派」の崩壊と「ヌスラ戦線」の伸張」https://www.meij.or.jp/members/kawaraban/20150311174447000000.pdf（2023 年 3 月 8 日閲覧）

11）中東かわら版 2015 年度 137 号．「シリア：「穏健な」反体制派間の交戦」https://www.meij.or.jp/kawara/2015_137.html（2023 年 3 月 8 日閲覧）

12）中東かわら版 2016 年度 65 号．「シリア：「ヌスラ戦線」が「穏健な」反体制派を続々制圧」https://www.meij.or.jp/kawara/2016_065.html（2023 年 3 月 8 日閲覧）

13）中東かわら版 2015 年度 45 号．「シリア：アメリカ国防省がシリアの武装勢力に給与を支払い」https://www.meij.or.jp/kawara/2015_045.html（2023 年 3 月 8 日閲覧）

14）中東かわら版 2017 年度 71 号．「シリア：CIA による「反体制派」支援停止」https://www.meij.or.jp/kawara/2017_071.html（2023 年 3 月 8 日閲覧）

15）高岡豊「シリアにおけるトルクメン人と紛争中での役割」https://news.yahoo.co.jp/byline/takaokayutaka/20151206-00052164（2023 年 5 月 29 日閲覧）によると，政治組織としては「シリア民主トルクメン運動」，「シリア・トルクメン愛国ブロック」がある他，アレッポ県，ラタキア県で複数の民兵組織がトルコの支援を受けて活動した．民兵諸派はシリア・トルクメン軍とのアンブレラ組織を結成したが，各々独自に活動していた．

16）2016 年 8 月のトルコ軍の侵攻作戦「ユーフラテスの盾」作戦にちなむ名称で，アレッポ県北部のユーフラテス川からアザーズ市までの東西 100km，トルコとシリアの国境からバーブ市，マンビジュ市までの南北 60km の地域．

17）2018 年のトルコ軍の侵攻作戦「オリーブの枝」作戦にちなむ名称で，アレッポ県北西部のアフリーン市一帯の地域．

18）同党の名称については，当事者の間でも Kurdistan との名称を用いるか否かで相違や異なる認識があった模様である．Kurdistan Democratic Party-Syria, Kurdish Democratic Party of Syria など，資料によって用語にばらつきがみられる．

19）シリア・アラブ共和国 2003 年大統領法令 18 号．http://www.parliament.gov.sy/arabic/index.php?node=5571&cat=16006（2017 年 5 月 24 日閲覧）

20）シリア・アラブ共和国 2013 年大統領法令 55 号．http://www.parliament.gov.sy/arabic/index.php?node=201&nid=4253（2013 年 8 月 6 日閲覧）

21）2011 年以降の諸般の改革措置については，［青山 2017a: 44-47］を参照のこと．

22）1932 年に結党された民族主義政党で，メソポタミア・シリア・キプロスを含む「肥沃な三日月地帯」を大シリアと称し，その地域で民族主義に基づく統一を実現しようとする．現在シリアで活動している SSNP は，シリアの国会に議員を輩出しているものだけで少なくとも 3 派確認できる．SSNP は 1950 年代にバアス党との抗争に敗れ，シリアでの活動を禁じられ，隣国のレバノンで活動してきた．しかし，シリア国内の

SSNP 諸派のうち 2 派が, 2000 年代に入り公認政党として連立与党に参加を認められた.

23）1940 年代から 50 年代にかけて活躍したアクラム・フーラーニーが率いた「アラブ社会党」の流れを汲む運動の一派.

24）シーア派の一派であるイスマーイール派から分派した宗派. シリアでは南部のスワイダ県を主な居住地とする. シリアの宗派別の人口比では全体の 2〜3％を占める

25）1968 年に, PFLP から分裂して発足した. シリアとレバノンに軍事拠点を擁し, 重火器類も保有しているが, 兵員数, 構成員数は不明.

26）1983 年にファタハから分裂して発足した. インティファーダとは "造反, 反乱" という意味. 分裂に際しては, シリアの後援を受けたとされている. シリアとレバノンに軍事拠点を擁するが, 構成員数は不明.

27）1967 年に発足した, パレスチナのバアス党の軍事部門. サーイカとは, 稲光という意味. 2000 年代半ばの時点で 2500 人の戦闘員を擁するとの情報があるが, 戦闘員の半数, 将校の大半はシリア人だと言われている.

28）1969 年に発足した. シリアで活動しているのは, オスロ合意に反対する分派. シリア紛争の際, 親政府民兵を動員したパレスチナ諸派は, 諸派間を調整する委員会を編成したが, この委員会で対外的な広報役と務めたのは PPSF の代表者だった.

29）1967 年に発足した. パレスチナ自治区でのパレスチナ立法評議会選挙にも参加している.

30）1969 年に PFLP から分裂して発足した. パレスチナ自治区でのパレスチナ立法評議会選挙にも参加している.

31）1980 年頃, イラン革命に触発されたパレスチナのムスリム同胞団の者たちが結成した. 社会活動や大衆動員には積極的ではないため, ハマースよりは規模が小さい.

32）シーアとは党派の意味で, 預言者ムハンマドの死後は同人の従弟で娘婿のアリーとその子孫がイスラーム共同体を指導すべきだと主張した人々を起源とする. アリーの子孫のうち誰を共同体の指導者とするかなどを巡って複数の宗派に分かれた. そのうち, 12 イマーム派は, シーア派の最大宗派で, アリーから数えて 12 代目の指導者がお隠れ状態となり, 救世主として再臨すると信じる. 12 イマーム派の信徒はイラン, イラク南部, レバノン南部, アラビア半島東岸などに居住している. また, イラン・イスラーム共和国は, 12 イマーム派の統治理論の一つである「法学者の統治」を基本原理として掲げている.

33）イラン革命を防衛するためにイランの正規軍とは別に設立された軍事組織. イラン・イラク戦争（1980〜88 年）の時点では陸・海・空で数十万人の兵員を擁したとも言われる. 対外工作を担当するエルサレム軍団が, イラク, シリア, レバノンでの民兵育成を担当した.

第 **3** 章

## 民兵と統治

## はじめに

　紛争が激化し，様々な地域が政府の統制を離れ，民兵諸派に占拠されるようになると，シリア紛争を分析する上で「民兵諸派は占拠した地域をいかに統治しているのか（したのか）」という問題が浮上した．なぜなら，ある民兵が領域とその住民を制圧した場合，民兵は制圧下の住民と何らかの関係を構築しなくてはならないからだ．世界的に先行事例を振り返ると，民兵の中には，制圧下の住民に関心を示さなかったり，彼らを収奪や民族浄化の対象としか考えなかったりした例もあるだろう．制圧下の住民から税などを取り立てなくとも活動資金が得られる場合も，民兵は統治のための資源を費やしたがらないだろう．ただし，このように民兵が統治に関心を持たない事例があることを踏まえても，民兵の多くは制圧下の住民を統治するために資源を投じているようだ [Kasfir 2015: 26]．本書の考察対象となる民兵は，政府の統治能力の低下を補ったり，統治を回復させたりする役割を果たす親政府民兵，シリア政府の正統性を否定し，これから領域や政治権力を奪取することを目指した反体制派，イスラーム統治の実践を政治目的とするイスラーム過激派，民族集団の政治的地位向上，自治，独立などの政治目標を持つクルド民族主義勢力である．これらは，いずれも単に制圧地域に治安や秩序をもたらすだけ

でなく，制圧下の住民に自らの正統性を認めさせたり，彼らに行政サービスを提供したり，租税などを取り立てたりする，統治を実践している．また，民兵の一部は，自らの信条に基づいて住民の私生活や嗜好にも干渉する統治を行った．本章では，それぞれの実践と，統治の問題にシリア政府がどのように対処したのかを検討する．

　統治が何を意味するのかについては，必ずしも共通の理解や定義が確立しているわけではない．そのような状況の中，政治・経済・社会的事象を統べ，組織し，管理する実践を統治とするならば，中東での統治についての研究は国家レベルでの実践に焦点をあててきた［Pace 2019: 276］．しかし，本書で検討するシリア紛争には，承認された主権国家の領域内で政権を争う内戦としての性質がある一方で，「イスラーム国」のようにシリア領の外部も占拠した民兵もあるし，イスラーム過激派諸派の一部やクルド民族主義勢力のように，やはりシリアの外部から活動の資源を調達したり，シリアの外から組織を経営し占拠地を管理するための指針がもたらされたりした民兵もある．このような反政府民兵に対し，シリア政府は親政府民兵を動員して既存の統治の維持と回復を図りつつ，これらの親政府民兵も自らの統治の枠内で統制・管理しようとした．つまり，シリア紛争を題材として民兵と彼らによる統治を検討することは，「内戦下の反乱軍による統治」のような研究テーマに比べて検討・実証すべき事象が多い複雑な課題である．この点において，本章での議論は民兵やその活動，特に民兵による統治についての研究で新たな知見をもたらしうるものだ．

　もう一つの重要な論点としては，イスラーム過激派の民兵はその他の民兵とは異なる存在で，両者を区別して論じるべきか否かという問題がある．先行研究では，反乱軍（insurgent, rebel）としてイスラーム過激派が他と異なるか否か，イスラーム過激派の統治は他の反乱軍の統治と異な

るのか否かについて論じられている．内戦研究などで多くの論考を著したカリバスは，本書でイスラーム過激派と呼ぶ運動や集団と類似の概念として「ジハード主義イスラーム主義」という用語を「イスラームを第一の拠り所として正当化される政治的行動主義の一種」と定義した上で，ジハード主義反乱軍は他の反乱軍と比較した場合，区別できないと述べている．この論考では，ジハード主義反乱軍と冷戦期のマルクス主義に依拠する反乱軍とを比較し，外部の国家やネットワークからの支援があること，自由主義的資本主義に代わる政治的・社会的指針を信奉すること，革命戦争戦略を採用することを共通点として挙げた．その一方で，両者の相違点として，マルクス主義者の反乱軍は超大国を含む国家の後援があったのに対し，ジハード主義反乱軍にはそれがないと指摘した [Kalyvas 2018: 38-44]．これを踏まえた上でジハード主義者（本書ではイスラーム過激派）の統治の特徴を整理すると，(1) 国際的なジハード主義・サラフィー主義運動に加盟し，越境的な性質を帯びる，(2) イスラーム法を施行するとの目的で暴力と統治を正当化し，この信条に従うことにより国家との交渉や戦争後の権力分有の可能性が低くなり，主流の政治過程から排除されがちになる，(3) 既存の国家やその中の特定の地域での政治目標を，越境的な言辞を弄して隠蔽する，(4) ジハード主義者の統治は 9.11 事件後のテロ対策政策の中で国際的な介入を受けやすいため永続しにくい，が挙げられている [Rupesinghe et. al 2021: 10-11]．

　イスラーム過激派による領域の占拠と統治は，「イスラーム国」の実践などを契機として学術研究が近年急速に活発化した課題である．そのため，この問題については定義や個別の実践の解釈で広く共有される理解や理論が確立されているとは限らない．本章はシリア紛争でのイスラーム過激派の実践に焦点をあてているが，以下の事例やそれについての考察を通じ，イスラーム過激派と彼らによる統治の特徴，イスラーム

過激派を他の民兵とは異なる存在と認識すべきか否かの議論について，一定の知見を得ることができるだろう．

## 1　「イスラーム国」の統治

「イスラーム国」がシリアとイラクの広域を占拠し，そこにカリフ制を復活させたイスラーム統治を施行すると主張したこと，及び，同派が占拠地の石油収入などから巨額の歳入を得たことは，「イスラーム国」が“単なるテロ組織”ではない異例の存在へと発展した現象であるかのように認識された．しかし，テロ組織も本書で民兵と呼ぶものの一種であり，彼らが領域を占拠した場合はそこを統治することは，当然のことだ．しかも，「イスラーム国」はイスラーム主義の政治目標を達成する手段として専らテロリズムに依拠する存在としてのイスラーム過激派の一種である．そうである以上，領域とその住民を制圧し，それをイスラーム法に基づいて統治することは，「イスラーム国」にとって必要不可欠の実践事項だった．つまり，「イスラーム国」そして本章第2節で検討するイスラーム過激派の民兵が何らかの統治を行うことは，紛争，非国家武装主体（民兵），イスラーム過激派，テロ組織の観察や研究の場では，異例でも異常でもなく，むしろ実践されて当然の営みだった．

「イスラーム国」の存在は国際的な治安上の脅威とみなされたこともあり，同派の統治の実践については多数の分析が著された．それらは，方法論の観点から，「イスラーム国」自身が発信した綱領，広報用の文書や画像や動画，同派の構成員や支配下の住民からの聞き取りなどの精読と分析という質的手法に基づく調査と，「イスラーム国」の行政文書や，占拠地域の電力消費，交通量，人口動態，土地利用などを解析して同派の統治の実態を解明しようとする量的手法に基づく調査とに大別で

きる．主に資料の精読に依拠した質的手法に基づく報告書としては，「イスラーム国」の徴税についての報告書 [al-Tamimi 2021]，同派による教育の現場で使用された教科書を分析した報告書 [Olidort 2016] がある．教科書の分析では，同派のイスラーム法学の教育課程で，四大法学派について言及していないという興味深い実践が明らかになっている．ここには，「イスラーム国」がイスラームの解釈や法学で，歴史的に積み上げられてきた知的営為をほとんど顧みずに，直接コーランとスンナに依拠しようとしていたことが示されており，イスラームの歴史や思想を参照するだけで「イスラーム国」の思想信条を理解しようとするのは困難だということがわかる．なお，「イスラーム国」は同派による教育活動について活発に画像や動画を発信した．それらによると，既存の学校をいったん閉鎖し，教員に「シャリーア研修」を受けさせ，教育課程を改変した上で学校を再開したとの実践がある．また，教育科目としては，コーランの暗唱や小児向けの軍事教練が重視された一方で，ラッカに「医学部」を設置し医師の養成を試みたと称する画像も出回った [中東調査会イスラーム過激派モニター班 2015: 128-129]．

　シリアでの「イスラーム国」の統治については，同派の重要拠点だったラッカ市での実践が著名なほか，アレッポ県の一部を占拠した「イスラーム国　アレッポ州」が盛んに広報を行った．「イスラーム国　アレッポ州」が発信した動画や画像，文書類では，占拠地を統治するための機構や実践が紹介されており，イスラーム法廷やヒスバと呼ばれる宗教・風紀警察，「イスラーム国」の行政サービスへの苦情を受け付ける役所，物価統制，統治に必要な技師，医師への移住の呼びかけのような広報活動があったことが知られている．このような活動を分析した報告書は，現場での実践は暴力的で，長期的な計画や見通し，持続的な代替機構を備えないまま既存の政府機能を破壊したと評価している [Caris and Reynolds 2014].

　「イスラーム国」傘下の公安警察と宗教警察の活動を，イラクのモスルを中心とする地域で押収された資料や，「イスラーム国」の元構成員も含む対象からの聞き取り調査によって解明を試みた報告書も発表された．この報告書では，聞き取り対象が当時のシリア政府やイラク政府への立場や評価で，政治的・党派的に偏らずに証言しているかについて特段配慮した形跡が見られないが，「イスラーム国」の警察はシリアやイラクの警察の活動で欠如していた原則，説得力，一貫性を備えていたと評価している [De Graaf and Yayla 2021]．「イスラーム国」の統治については，同派の構成員が宗教的な道徳性を備え，規律や士気の面で優れていたという印象に基づいて肯定的に評価される場合も少なくなかった．その一方で，同派による統治が長期化するに従い，物価の高騰や住民へのサービスの低下などの問題も顕在化した．[2]

　民兵による統治を考察する際には，民兵の側が現地社会にどのような方針で，どの程度関与しようとしたのかを知ることが有用である．統治の実践への民兵の志向が明らかならば，統治の結果への評価も容易になる．この点について，「イスラーム国」多数の情報を発信した．中でも，2016 年 7 月に『カリフ国の構造』と題する自派の統治機構を紹介する動画が重要である．この動画は，「イスラーム国」の自称カリフや報道官の演説のような重要な文書や動画を製作するフルカーン製作機構が発表したものであり，同派にとっても極めて重要なものと位置付けられた動画だ．それによると，「カリフ」の下には組織を指導する諸般の評議会・委員会に加え，14 の「省庁」が設置されていた．それらは，（1）「司法・苦情庁」，（2）「ヒスバ庁」，（3）「教宣・モスク庁」，（4）「ザカート庁」，（5）「軍務庁」，（6）「公安庁」，（7）「財務庁」，（8）「中央広報庁」，（9）「知育庁」，（10）「保健庁」，（11）「農務庁」，（12）「天然資

**写真３-１　「イスラーム国」が刊行したパンフレット類**
出所）2015年1月2日付「イスラーム国ラッカ州」

源庁」，（13）「戦利品庁」，（14）「サービス庁」である．なお，「省庁」
の記載の順序は，動画中で紹介された順序に沿ったものである［髙岡
2021a: 297］．ヒスバとは勧善懲悪というムスリムの義務の一つで，「ヒス
バ庁」の任務は，礼拝や断食の実施の監視・物価統制，それらの違反者
の懲罰など多岐にわたった．ザカートとは，こちらもムスリムの義務の
一つの喜捨のことで，「ザカート庁」はその取り立てと分配を担当した．
省庁を紹介する順序に象徴されるように，この省庁編成には，「イス
ラーム国」が統治において司法，ヒスバ，教宣，ザカートなど，イス
ラームの宗教的義務の実践と管理を非常に重視していたことが示されて
いる．これに対し，「イスラーム国」の統治機構には，第二次産業，第
三次産業，運輸部門を担当する「省庁」が存在しない．
　一方，「イスラーム国」は支配下の住民の日常生活や内面に対する強
い干渉志向を示した．これを裏付けるのが，同派が複数擁する広報部門
のうち，教理教学に関する書籍やパンフレットの刊行を担当したヒンマ
文庫が，支配下の住民や彼らと日常的に接する末端の構成員向けに発行

بسم الله الرحمن الرحيم

## نص عقد الذمة

الحمد لله معز الإسلام بنصره ومذل الشرك بقهره ، القائل في محكم التنزيل :

﴿قَاتِلُوا الَّذِينَ لَا يُؤْمِنُونَ بِاللَّهِ وَلَا بِالْيَوْمِ الْآخِرِ وَلَا يُحَرِّمُونَ مَا حَرَّمَ اللَّهُ وَرَسُولُهُ وَلَا يَدِينُونَ دِينَ الْحَقِّ مِنَ الَّذِينَ أُوتُوا الْكِتَابَ حَتَّى يُعْطُوا الْجِزْيَةَ عَن يَدٍ وَهُمْ صَاغِرُونَ﴾. سورة التوبة : الآية ٢٩

ونشهد أن لا إله إلا الله وحده ، صدق وعده ، ونصر عبده ، وأعز جنده ، وهزم الأحزاب وحده ، لا إله إلا الله ولا نعبد إلا إياه مخلصين له الدين ولو كره الكافرون .

ونشهد أن محمداً عبده ورسوله صلى الله عليه وسلم الضحوك القتال ، الذي بعثه ربه بين يدي الساعة بالسيف حتى يعبد الله وحده ، وأنزل عليه براءة والأحزاب والقتل .

ونشهد أن عيسى بن مريم عبد الله ورسوله وكلمته ألقاها إلى مريم وروح منه ، قال تعالى :

﴿لَّن يَسْتَنكِفَ الْمَسِيحُ أَن يَكُونَ عَبْدًا لِّلَّهِ وَلَا الْمَلَائِكَةُ الْمُقَرَّبُونَ وَمَن يَسْتَنكِفْ عَنْ عِبَادَتِهِ وَيَسْتَكْبِرْ فَسَيَحْشُرُهُمْ إِلَيْهِ جَمِيعًا﴾ سورة النساء ١٧٢ .

الحمد لله على عزة الإسلام ، ونعمة التمكين ، وله الشكر واصبًا إلى يوم العرض والدين وبعد :

هذا ما أعطاه عبدالله أبو بكر البغدادي أمير المؤمنين لنصارى ولاية دمشق ــ قاطع القريتين من الأمان ؛ أعطاهم أمانًا لأنفسهم وأموالهم ولا يكرهون على دينهم ، ولا يضار أحد منهم .

واشترط عليهم :

١ ــ أن لا يحدثوا في مدينتهم ولا فيما حولها ديرا ولا كنيسة ولا صومعة راهب .

٢ ــ أن لا يظهروا صليبا ولا شيئا من كتبهم في شيء من طريق المسلمين أو أسواقهم ، ولا يستعملوا مكبرات الصوت عند أداء صلواتهم وكذلك سائر عباداتهم .

**写真 3-2 「イスラーム国」の庇護民契約書**

出所）2015 年 9 月 3 日付「イスラーム国司法庁」

٦ ــ أن يوقروا الإسلام والمسلمين ، فلا يطعنوا بشيء من دينهم .

٨ ــ يلتزم النصارى بدفع الجزية على كل ذكر بالغ منهم ، ومقدارها أربع دنانير من الذهب { المقصود بالذهب هو دينار الذهب الذي كان يستخدم في المعاملات لأنه ثبت المقدار وهو يزن مثقالا من الذهب الصافي أو ما يعادل = ٤٫٢٥ جرام ذهب } على أهل الغني ونصف ذلك على متوسطي الحال ونصف ذلك على الفقراء منهم ، على أن لا يكتمونا من حكمهم شيئا ولهم أن يدفعوها على دفعتين في السنة .

٩ ــ لا يجوز لهم امتلاك السلاح .

١٠ ــ لا يتاجروا ببيع الخنزير أو الخمور مع المسلمين ولا في أسواقهم ولا يشربوها علانية أي في الأماكن العامة .

١١ ــ تكون لهم مقابرهم الخاصة ، كما هي العادة .

١٢ ــ أن يلتزموا بما تضعه الدولة الإسلامية من ضوابط كالحشمة في الملبس أو في البيع والشراء وغير ذلك .

فإن هم وفوا بما أعطوا من الشروط فإن لهم جوار الله وذمة محمد صلى الله عليه وسلم على أنفسهم وأراضيهم وأموالهم ، ولا يدفعوا عشر أموالهم إلا إذا جبوا أموالا للتجارة من خارج حدود الدولة الإسلامية غير ظالمين ولا مظلومين ، ولا يؤخذ رجل منهم بذنب رجل آخر .

فلهم جوار من الله وذمة محمد صلى الله عليه وسلم بأمره ، ما التزموا بما ورد من الشروط في هذه الوثيقة .

وإن هم خالفوا شيئا مما في هذه الوثيقة فلا ذمة لهم ، وقد حل للدولة الإسلامية منهم ما يحل من أهل الحرب والمعاندة .

اليوم /الأحد ــــــ التاريخ/ ١٥/ ١١ / ١٤٣ هــ / الموافق٣/ ٨ /٢٠١م

كاتب العقد ــــ العاقد :

**写真 3-3 「イスラーム国」の庇護民契約書**

出所）2015 年 9 月 3 日付「イスラーム国司法庁」

したと思われる，15点ほどのパンフレットだ（写真3-1）．パンフレット
は，両面印刷で三つ折りにすると用紙一枚で完結する比較的短い文書で，
「イスラーム国」の綱領，ハッド刑と呼ばれるイスラーム法上の刑罰，
集団礼拝の意義の説明など内容は多岐にわたる．ここで注目すべき点は，
15点のパンフレットのうち，7点が男女の服装や身なり，礼拝のやり方，
衛星放送の視聴，墓標の建立という，個人の好みや日常生活に関する規
制や禁止事項についてのものだったことだ［髙岡 2021a: 296］．これらは，
「イスラーム国」が正しいと信じるイスラームを実践し，違反者を摘
発・懲罰することを正当化するパンフレットだが，これにより，同派が
イスラームの論理で支配下の住民の生活の細部にまで強く干渉しようと
していることがわかる．

　ただし，ここで注意すべきなのは，「イスラーム国」が統治について
発信した文書，画像，動画類は，支配下の住民と同派の構成員を対象に
した内向きの資料・情報であるとともに，報道機関や敵対する政府，世
界中の「イスラーム国」の支持者やファンに向けた外向けのプロパガン
ダでもあった点だ．つまり，「イスラーム国」自身が発信した内容が，
実際の同派の占拠地域でどの程度実践されたかについて，証明している
のではないということだ[3]．その典型的な例が，ユダヤ教徒やキリスト教
徒のような，イスラームで啓典の民と位置付けられている異教徒の処遇
だ．「イスラーム国」は，イラクのヤズィード派のように，異教とみな
した宗教の信徒を激しく迫害した．しかし，啓典の民に対しては，イス
ラームの教えに則って，改宗，占拠地からの退去，ズィンミー（庇護民）
制度に基づく一定の保護を与えるという選択肢を示した．ズィンミー制
度とは，ムスリムの支配に服従，協力して人頭税を納めれば，生命，財
産，信仰が保護される制度で，「イスラーム国」はイラクとシリアでこ
れを復古したと主張した．ところが，2015年頃にシリアのホムス県カ

ルヤタインの住民と締結したズィンミー契約の書類とされるもの（写真3-2，3-3）では，11項目の取り決めがあるにもかかわらず，番号のふり間違いにより12項目分番号が振られている（本来1〜11と番号を当てるべきところ，番号7がとばされていたため1〜12の番号が当てられている）[髙岡 2023a: 194-196]．この文書は，「イスラーム国」がイスラーム統治を実践していることを示し，住民の生命にもかかわる事項を司る重要な行政文書のはずだが，契約条項の番号のふり方すらろくに確認しない，行政文書としてはあり得ない杜撰なものだ．「イスラーム国」の統治の中には，あくまで広報用として制度が設計され，杜撰に運用された（あるいはまったく運用されなかった）事例が多数含まれている可能性がある．「イスラーム国」によるドル経済の否定と独自の貴金属貨幣の発行も，その一例と思われる．民兵が制圧地で独自の歴史・文化的シンボルを用いたり，教育を施したり，通貨を発行したりすることは，民兵の統治としては珍しい行動ではない．「イスラーム国」が発効した貨幣についても，貴金属貨幣という復古主義的な行動に注目すべき点もあるが，実際の運用は貨幣の鋳造や両替を通じた住民からの収奪としての側面が強かった．

　「イスラーム国」の統治の実態とその問題点は，量的手法に基づく分析によって裏付けることができる．同派から押収された資料には，構成員の人定台帳や給与台帳のような行政文書がある．給与台帳からは，上述の「省庁」の出先機関が各「州」に設置され，それを「州」の長（ワリー）が統括していた．「省庁」や「州」を越える人員の移動もあった模様だが，それを給与台帳から追跡すると，押収された資料が特定の分野に偏っていてすべてを網羅しているとは限らない可能性に留保しなくてはならないが，「イスラーム国」の人員や資源が戦闘員，司法，治安，秩序を担当する部署に優先的に配分される構造があったことが判明している[Milton 2021]．「イスラーム国」の「省庁」編成や，同派が重視した

「省庁」, すなわち統治を行う上での優先事項は, 同派の広報での著述に
加え, 行政文書の解析からも把握することが可能だ.

　人工衛星を用いて, 夜間の電力使用量, 農地の利用状況, 工場などの
稼働状況, 交通量を観察して「イスラーム国」の占拠地域の社会, 経済
状況を分析することによっても, 同派の統治の実態を解明したり, 広報
資料や聞き取り調査から得られる情報を裏付けたりすることも可能だ.
「イスラーム国」が占拠したイラクのモスル, ファッルージャ, ラマー
ディー, ティクリート, シリアのラッカ, ダイル・ザウルを対象にこの
方法で分析した報告書 [Robinson, Eric et al. 2017] によると, シリアで「イ
スラーム国」が制圧した地域では, 同派が統治した期間に電力消費量が
61%減少した. また, イラクとシリアで「イスラーム国」が占拠した地
域全体では, GDP が 23%, 人口が 36%, 農業生産が 20%減少した.
ラッカ市でも「イスラーム国」が近隣のタブカダムの発電所を制圧した
にもかかわらず, 2016 年半ばの一般向け電力供給は 2014 年 1 月との比
較で 30%に過ぎなかった上, 同派がダムの運営に失敗したことにより
飲料水や灌漑用水が不足した. ラッカ市は, 一部で「イスラーム国」の
「首都」と称されたように, 同国にとっても治安維持, 経済活動, 学校
や病院の運営を外部に広報する材料となる拠点だった. このため, サー
ビスが提供された対象が外国人を含む「イスラーム国」の戦闘員やその
家族なのか, 地元の住民なのかが判然としない面がある. また,
2015～16 年夏の間, ラッカ市の人口は数の上では安定していたが, 地
元民の脱出が外国人の流入によって相殺されていたことも考えられる
[Robinson et al. 2017: 120-121]. いずれにせよ, 「イスラーム国」が占拠した
地域の経済は, 電力や燃料の供給, 生産活動, 人口の面で同派の統治の
悪影響を受けた. 「イスラーム国」の統治は, 制圧下の住民の生活水準
を低下させたということができる.

　もう一つ考慮すべき点は，「イスラーム国」の統治が支配下の住民に正統なものであると認められ，受け入れられたのかという問題だ．「イスラーム国」が統治を行うのは，イスラーム統治を実践するという同派の政治目標を果たすという意味に加え，支配下の住民が敵対勢力に通じない程度の人心掌握が必要だからだ [Arjona 2015: 3]．住民の内面にも踏みこむ強い干渉志向や，残虐な刑罰，児童の徴用が「イスラーム国」の統治の鞭とするのならば，飴にあたるサービスを提供することも必要となる．同派による食糧供給や統治主体としての実践を，住民からの支持獲得，正統性の獲得と関連付けた分析も可能だ．「イスラーム国」は，占拠した都市で基幹産業，電力や水や燃料やパンの供給を制することにより，住民に一時的であっても「イスラーム国」の統治を受け入れさせることができた．しかし，「イスラーム国」に対するアメリカが率いる有志国の攻撃や，ロシアの介入を受けた政府軍の反撃が進むにつれ同派による食糧供給が支障をきたすようになり，ラッカやダイル・ザウルでは基礎的な食糧供給の失敗により住民が同派の支配を望まなくなっていったと考えられている [Ciro Martinez and Brent 2017]．一方，シリア紛争では統治主体の土着性こそが正統性の獲得の決定要因であり，イスラーム主義やイスラーム統治は住民が統治者の正統性を判断する際に強く影響しなかったとの見解もある．ラッカの住民への聞き取りでは，「イスラーム国」による行政サービスが地域の共同体を代表しない，文化の異なる外来の者たちに運営されたことへの反感が表明されている [Carnegie et al. 2021: 19-20]．「イスラーム国」の統治についての先行研究は，シリアとイラクの既存の政府の統治との比較の観点で評価するものと，統治の実践での失敗に注目するものとが混在している．

　ただし，民兵による統治が支配下の住民から支持されなかったり，正統とみなされたりしなくても，直ちに大規模な反乱や不服従が起きるわ

けではない．「イスラーム国」の統治や領域占拠に対して住民が反抗・抵抗した事例は，アカイダート部族の一派のシュアイタートの蜂起と虐殺（2014年）以外知られていない．しかし，これは「イスラーム国」の統治が住民に受け入れられ，支持されたかとは別問題である．なぜなら，民兵による統治への現地社会への反応を決定する要因には，民兵が現地社会に関与する程度，現地社会の側に民兵と交渉したり，これに対峙したりする強い社会が機能しているかなど，多くが考えられるからだ［髙岡 2021a: 302］．シリアでの「イスラーム国」の場合，同派の占拠地域は同派が統治を確立する以前に既に地元の社会が弱体化しており，地域ぐるみでの全面的な抵抗が発生しにくかったと思われる．このような状況で民兵と住民との関係が悪いと，住民による抵抗は個別の逃亡という形をとる．上述の通り，「イスラーム国」の占拠地域で人口が大幅に減少したことは，戦闘の激化や「イスラーム国」による追放や弾圧に加え，同派の統治と地元社会との関係を反映したものと考えることも可能だ．

## 2　イスラーム過激派諸派，反体制派の統治

　反体制派や「イスラーム国」以外のイスラーム過激派民兵が占拠した地域の統治は，「イスラーム国」の統治とは異なる形態をとった．シリア政府の統制下から離れた地域の必需品やサービスの提供は，地域社会から自発的に発生した反政府抗議行動と足並みをそろえるかのように，地域社会の自発的な取り組みとして始まったとされている．この取り組みと民兵諸派との関係，地域の統治を担った主体の消長が，本節の考察の主軸となる．

　反体制運動に激化により政府の統制から離れる地域が拡大したが，これにより，水や電気，廃棄物処理のような日常的な行政サービスの提供

者もいなくなった．そこで，このような地域の住民たちは，抗議行動の活動家や法務や行政の専門家も含む評議会（=地元評議会．Local Council）を編成して日常的な行政の分野で自治を営もうとした．アメリカをはじめとするシリア政府の打倒を目指して紛争に干渉した当事者は，既存の政府の正統性を否定し，反体制派に正統性や住民からの支持を獲得させることを目的に地元評議会による行政サービス提供を支援した．このような支援の手法がどの程度の成果を上げたか，つまりサービスの提供を受ける住民が地元評議会の正統性を認める程度についての調査報告，政策提言も発表されている［Carnegie et al. 2021］．それによると，アメリカの対外援助機関である USAID の移行イニシアチブ局（OTI. Office of Transitional Initiatives）は 2013 年 3 月〜16 年 7 月までの期間だけで 1758 万ドル相当の物資を反体制派の機関に提供した．提供された水タンク，ゴミ収集車，食品などの物資には，USAID や OTI のロゴではなく，それらを使用したり配布したりする地元評議会のロゴマークが付された［Carnegie et al. 2021: 12］．また，事業の成果調査は 2014〜16 年に 27 の共同体から 1 万 3657 人の回答者を募って実施されたが，実施地域の約半分を自由シリア軍を名乗る民兵諸派，21％を「イスラーム国」，17％をヌスラ戦線やシャーム自由人運動などのイスラーム過激派民兵が占拠していた［Carnegie et al. 2021: 11-13］．このように，この調査は反体制派の行政サービスに正統性を付与することを意図した事業の評価である点，シリア紛争への思想・信条的立場が「反体制派支持」に偏った対象への調査である点に留意すべきだ．それを踏まえた上で，調査結果の注目すべき結論は，サービス提供者が「地元に根付いていること」が，受益者がその正統性を認識する上での決め手となっているとの指摘だ．それによると，前節の通り「イスラーム国」は同派が提供するサービスの受益者から「よそ者」とみなされているのに対し，シャーム解放機構（ヌスラ戦線）などの

イスラーム過激派はそうではない．この調査によると，イスラーム主義は住民が行政サービスの正統性を判断する際の決定要因ではなく，地元評議会やシャーム解放機構などの統治は住民から正統とみなされていた．

　地元評議会の存在や活動に対し，イスラーム統治を実践することを強く志向するイスラーム過激派民兵は，自らの傘下に地元評議会と並行して行政サービスを提供する機構を設置した．前節で検討した「イスラーム国」は自らの統治機構を樹立して競合する機関を排除したが，イスラーム過激派民兵も地元評議会に対し同様の態度をとったのである．また，政府は自らの統制外で統治を営もうとする行為や施設を爆撃や封鎖によって解体しようとした．敵方の統治機構や行政サービスの提供を攻撃した政府側の意図や攻撃の影響については，道義的な問題の他に紛争下での統治の問題にいかに対処したかという観点からの分析も無視できない．これについては本章第4節で検討する．様々な当事者との競合や，彼らから攻撃を受けるという状況の中，地元評議会を軍事的に防衛する体制は構築されなかった．地元評議会は，当初は地元の民兵と住民との協働として地域の行政サービス提供を担ったが，紛争が激化し，より大規模な民兵が占拠地域や政治権力を争う中で主体性を喪失していったと思われる．結局，地元評議会の数は2012年の800から2016年には400へ，評議会が統制する領域がシリア領全体に占める割合も2012年の40%から2016年には15%へと減少した［Hinnebusch 2022: 38］．

　アメリカによる地元評議会への支援事業にもみられるように，地元評議会を既存の政府に代わる正統な統治者，行政サービスの提供者として育成する事業の成否は，シリア紛争の帰趨に影響を与えた要因の一つとも考えられる．反体制派の政治連合である国民評議会，国民連立，そしてそこから編成された暫定政府は，海外からの支援の受け皿となることとともに，地元評議会のような現地の統治機構の統合と統制に取り組ん

だ．国民連立は，支援調整班（Assistance Coordinating Unit），地域支援調整班（Local Assistance Coordinating Unit）を編成して地元評議会への技術的，財政的支援の提供を試みた．しかし，この試みは，国民評議会の側が在外からトップダウンで統制を図ったことや，国民評議会を通じてシリアに影響力を拡大しようとするサウジとカタルとの競合に影響されたことに示されるように，地域の人々の利益を代表する活動ではなかったことから，失敗に終わった [Khalaf 2022: 122-123]．2013 年 3 月には，国民連立がトルコのガジアンテプに暫定政府を編成した．暫定政府は統治機構の再建を試み，反体制派の占拠地域での消防・救急部門をはじめ 4000 人に給与を支払うようになった．また，地元評議会の職員の給与を暫定政府が支払う構想を提示した．これにより，現場での暫定政府の存在感と正統性を強化するとともに，地元評議会の事業の継続性を支援することが目指されたのだが，構想を実現する専門的な人材を欠いていたため，構想は停止された [Sottimano 2022: 151]．こうして，在外の反体制派の政治組織による政府や統治機構の樹立の試みは失敗に終わった．その原因としては，在外の政治エリートが，内部の抗争，腐敗，シリア国内での基盤の無さ，彼らを支援する諸国の間の競合などの理由で，シリア国内での正統性を獲得できなかったことが挙げられる．また，草の根レベルで自発的に結成された地元評議会に対し，地域住民の利益をあまり考慮せずに，競合的に支援をした外部の政府や NGO の活動も，反体制派の統治や地元評議会の活動の失敗と衰退の原因と思われる．

　しかし，地元評議会とその基盤となった地域の社会の側にも，問題点があった．確かに，地元評議会には「シリア革命」の担い手としての自発的運動としての側面もあったが，それと同時に評議会を編成した地域や街区ごとにその構成や能力がまちまちだったのだ．例えば，評議会の議員を選挙で選んだ地域もあれば，地元の名士や有力者が選任した地域

もあった [Carnegie et al. 2021: 8]．このような地元評議会に向けて，諸外国の政府や国際的な援助団体，出資者は，各々の基準と事業計画に基づいて個別に支援を提供した．その結果，地域の社会や地元評議会の間で水平的な連帯が阻害され，地元評議会自身も自治の担い手から外部の資金提供者がもたらす短期的な援助事業のパートナーへと変質していったのである [Sottimano 2022: 156]．

　地元評議会などが，地域を軍事的に制圧した民兵諸派との間に地域の安寧をもたらすような関係を構築できなかったことも，地域の自発的な運動としての統治や自治の行き詰まりの理由として挙げられる．シリア政府の統制を脱した地域でも，治安の維持や住民間の係争の解決のための治安や司法をつかさどる活動は不可欠である．また，紛争が続く中で反体制派民兵諸派の相互の抗争や構成員の規律の欠如も問題となり，彼らの取り締まりや問責も求められるようになった．そのため，民兵諸派も，地域の住民も，法廷を設置してこうした機能を整備しようと試みた．世界各地の内戦で，領域を占拠した民兵は統治の正統性を主張し，将来建設しようとする政体のモデルを提示するための法廷を設置したが，シリアの民兵諸派もこの例外ではない．例えば，イドリブ，ダマスカス近郊の東グータ，ハウラーン地方，アレッポで反体制派が法廷を設置した．これらは，当初民兵や地元の法曹関係者による自発的な機関として設置されたものもあった．しかし，民兵や彼らの連合体が設置した複数の法廷が重複して併存する状況もあり，草の根的に設置された法廷は影響力を失っていった．しかも，法廷はそれを設置した民兵の勢力が及ぶ範囲の事案しか管轄できず，複数の法廷の活動領域が重複する場合や，民兵そのものに対する監督機能が問われる場合などで効果的に機能しなかった．また，シャーム解放機構などより強力なイスラーム過激派民兵が地域を制圧すると，こちらの法廷が権限を独占するなど，民兵や地域社会

による法廷は事実上失敗に終わった．しかも，法廷自身の執行機関は執行を担当する人員が少数だったなど弱体で，アレッポでのグラバー・シャームのような素行の悪い民兵への対処が困難だった［Shwad and Massoud 2022］．

　反体制派の法廷とその執行能力の弱さは，反体制派やイスラーム過激派の民兵の占拠地域で運営された刑務所や収監施設の運営の杜撰さにも表れている．2016 年の時点で反体制派とイスラーム過激派の民兵諸派が運営していた複数の刑務所では，恣意的な逮捕や釈放，囚人の虐待と拷問が横行し，そこに何の監視も及ばない状態だった．初期の反体制抗議行動で改善や打倒が求められた恣意的逮捕，拷問，官憲の腐敗が，民兵諸派による「解放区」でも続いていた．

　ここで，反体制派民兵諸派の制圧地域での宗教分野の管理について触れておこう．シリアの住民の多くはムスリムだが，礼拝，慈善事業，宗教教育などイスラーム団体の活動は多岐にわたる．また，金曜昼の集団礼拝も，教化や動員の重要な機会となるし，宗教団体の資産をいかに管理するのかも重要な問題となる．この分野でも，政府の統制から離れた地域では，草の根的で，しかも相互の調整が取れない活動と管理組織が多数発足した．しかし，反体制派の制圧地が縮小するとともに，反体制派民兵諸派が TFSA としてトルコの指揮下に入ると，反体制派民兵の制圧地は実質的にトルコの占領地と化した．シリア暫定政府も，拠点をトルコにおいていることに示されるように，トルコの諸政策を支持する立場だ．その結果，現在アレッポ県北部のトルコとの国境地帯に位置するシリア国民軍の制圧地での宗教行政は，トルコ政府の宗教行政機構に従属して行われるようになった．トルコは，シリア領内での制圧地域の宗教機関等の管理団体を統合し，自国の宗教行政機関に従属させた．また，モスクの職員についても，トルコと同様の試験を通じて採用する方

式を導入し，トルコの宗教行政機関は，2019 年の時点でシリアにて
1400 人の職員を雇用したと述べている [Pierret and Laila 2021].

　反体制派，イスラーム過激派民兵が行っている統治を論じる中で，特
に別個に取り上げるべき存在はシャーム解放機構だ．第 1 章で詳述した
通り，シャーム解放機構はシリア紛争勃発当初は，隣国のイラクで活動
していたイラク・イスラーム国（2013 年にイラクとシャームのイスラーム国，
2014 年に「イスラーム国」と改称）がアル＝カーイダと共謀の上，この両派の
名義を隠してシリアに進出するために送り込んだフロント団体のヌスラ
戦線として姿を現した．しかし，イラクとシャームのイスラーム国とア
ル＝カーイダとが決裂すると，ヌスラ戦線の一部は独自にアル＝カーイダ
に忠誠を表明し，アル＝カーイダ傘下の組織として活動を続けた．この
間，ヌスラ戦線の活動資金の規模は「イスラーム国」と比べて小規模で，
2016 年の時点で 1000 万ドルと見積もられていた．同派の資金源は，カ
タルやクウェイトなどから寄せられる外部からの数百万ドル規模の寄付
と，同派の勢力圏で反体制派武装勢力の活動を認める見返りとして納入
させる軍事・非軍事の資源が挙げられていた．2018 年頃には，ヌスラ
戦線は外部からの資金供給が絶たれてもシリア領内で調達する資源で経
営可能であると評価されるまでに成長した [Bauer 2018]．本来，アル＝
カーイダや「イスラーム国」と同根の国際テロ組織として追跡，討伐さ
れるべき存在だったヌスラ戦線が，シリアの反体制派支援の受領も含む
様々な形で資源を調達していたということになる．

　ヌスラ戦線は，2015 年にはイスラーム過激派民兵の連合体の主力と
してイドリブ県などシリア北西部の広域を占拠した．2016 年には，ア
ル＝カーイダからの離脱を宣言してシャーム解放戦線と改称，次いで
2017 年に名称を現在のものに変更した．その過程で，シャーム解放機
構は自由シリア軍を名乗る諸派やアメリカなどの支援を受ける民兵だけ

でなく，他のイスラーム過激派民兵も軍事的に制圧し，占拠地域の権力を独占した．シャーム解放機構が打倒したイスラーム過激派の中には，アル=カーイダと親しいシャーム自由人運動，宗教擁護者機構なども含まれたため，シャーム解放機構とアル=カーイダとの関係は敵対関係に転じた．シャーム解放機構は，敵対・競合する他の民兵を排除し，アンサール・イスラーム団やTIPなどの外国起源の民兵も統制下において，イドリブを中心とする地域の権力を独占した．

　イスラーム過激派民兵諸派がイドリブ県を占拠した2015年の時点では，彼らの統治は「イスラーム国」の統治と変わらない残虐なものとも評されていたが[7]，次第に国際的な同情や承認を得るためにイスラーム過激派の存在を後景化する統治へと変わっていった．その担い手となったのが，2017年に発足したシリア救済政府である．シリア救済政府は「閣僚」や「省庁」を擁する文民による統治機構で，次第に併存する地元評議会を周縁化していった．しかし，実際にはイドリブを中心とする地域の軍事や治安，宗教管理などはシャーム解放機構が握っており，シリア救済政府はシャーム解放機構が制圧地から資源を得るための法律や行政上の枠組みを提供する道具で，シャーム解放機構こそが全てを支配していることを隠すものに過ぎないとみなされている［Zelin 2022: 31］．宗教行政については，2019年に救済政府に設置された最高機関がシャーム解放機構の内部の機関だったことに示されるように，シャーム解放機構による中央集権的で権威主義的な統制下に置かれている［Pierret and Laila 2021］．

　シリア救済政府がイスラーム過激派であるシャーム解放機構を後景化するためのフロント機関に過ぎないことは，2023年8月上旬にシリア救済政府の「教育省」名義で制圧下の私立教育機関に出された通達（写真3-4）に如実に示されている．通達は制圧下の私立学校に対し，以下

**写真3−4　初等・中等教育の児童・生徒の服装規制などについての
　　　　　　シリア救済政府教育省の通達**
出所）2023年8月6日シリア救済政府.

の諸点を遵守するよう要求している.

・学校の壁に描かれているシャリーアに適合しない絵や写真を除去
　すること.
・初等と中等の女子生徒に, シャリーアに適合した服を着せること.
・学校の女性職員にシャリーアに適合した服を着せること.
・初等と中等で, 男女の生徒を完全に分離すること.
・生徒に携帯電話を持たせないこと.
・Facebook, その他SNSの機関のアカウントに, シャリーアの規
　則に反する音楽や行為を載せないこと.
・我々の宗教と習慣に反する行為（女性の魅力をさらす行為など）を遠ざ
　けること.[8]

　初等教育の段階から男女の児童・生徒を完全に分離すること，女子児童・生徒や学校の女性職員の服装を規制すること，絵画や写真や音楽の少なくとも一部を排除することは，イスラーム過激派の統治の実践で共通してみられる志向だ．前節で検討した「イスラーム国」の統治でも，服装や衛星放送の視聴など制圧下の住民の生活は事細かな規制と干渉を受けた．また，2021年8月にアフガニスタンで政権を奪還したターリバーンは，女性の服装や職業の規制，教育機関での男女の分離，女性の教育機会の制限，楽器の摘発などの政策を推進している．「イスラーム国」とターリバーンの実践は，いずれも国際的な注目を集めたが，シリア救済政府の通達はほとんどの報道機関で取り上げられなかった．つまり，シャーム解放機構は，「イスラーム国」とターリバーンと極めて類似した統治を志向しているにもかかわらず，シリア救済政府を前面に立てることによってシリア内外からの注目や批判をかわしているのだ．

　シャーム解放機構やその統制下のアンサール・イスラーム団は，国連やアメリカの機関でテロ組織に指定され，論理的には制裁や討伐の対象となるはずだ．しかし，これらの民兵が制圧しているイドリブ周辺には，報道機関や援助機関が入域し，社会状況の現地調査も行われている．それらの一部によると，シャーム解放機構の統治下の教育機関では，「イスラーム国」の統治下の状況とは異なり，伝統的な法学派に言及する教育も行われている．シャーム解放機構による統治の実践は，1960年代に非公然のテロ組織として始まったイスラーム過激派の運動が，実際に占拠した領域からの教宣と，そこでの統治の事業へと発展した，イスラーム過激派の運動の世代的変化とも考えられている［Zelin 2022: 7-15］．占拠地域とそこでの覇権が確定する中，シャーム解放機構はイスラーム過激派としての言動を修正しつつあり，イスラーム過激派諸派が嫌う「シリア革命」との文言を積極的に用いるようになった．それとともに，

軍事行動や政治行動でシャーム解放機構がトルコの統制を受ける場面も目立つようになり，同派がトルコ，そしてその同盟国であるアメリカの意を呈して自派の制圧地域で活動するより危険視されるイスラーム過激派民兵を弾圧・解体した事例もある［青山 2022: 214-217］．その一方で，シャーム解放機構による統治が「シリア革命」やその支援者が標榜した自由，尊厳，平等など，西側諸国の価値観に親和的なものかについては疑問が残る．同派の統治下では，ヒスバ（宗教，風紀警察）の活動を通じた女性の服装や活動への規制，アラウィー派やドルーズ派の信徒，キリスト教徒への虐待や彼らの財産没収，対立する民兵や活動家に対する言論統制が行われているからだ．このような状況は，シャーム解放機構がアル＝カーイダや「イスラーム国」と同一組織だった過去の経歴から距離を置き，周囲のアラブ諸国のような地域の権威主義体制に転換していると評された［Zelin 2022: 34-42］．行政サービス提供の「外注化」やイスラーム過激派色の払拭などのシャーム解放機構による統治は，反体制派とイスラーム過激派の統治が，シリア紛争勃発当初の自発的な統治や行政サービス提供の試みから，外国の支援や外部からの資源供給を受け，その意向に沿って振る舞う民兵による統治へと転換していったことを示している．

　反体制派とイスラーム過激派による統治の問題は，治安面でも顕在化している．反体制派とイスラーム過激派の民兵は，「イスラーム国」と敵対していたはずなのだが，「イスラーム国」の自称カリフをはじめとする幹部たちは，シリアとイラクでの占拠地域を喪失した後，TFSAとシャーム解放機構の占拠地域を潜伏先として選んだのだ．初代「カリフ」のババグダーディーの殺害（2019年10月），第2代「カリフ」のアブー・イブラーヒーム・ハーシミー・クラシー（Abū Ibrāhīm Hāshimī al-Qurashī）の殺害（2022年2月）は，いずれもアメリカ軍の作戦だったが，

実行場所はシャーム解放機構の占拠地内だった．しかも，両名は家族を伴って潜伏生活を送っていた［髙岡 2023: 190］．シャーム解放機構は，ハーシミー・クラシーの殺害について釈明する声明を発表し，ハーシミー・クラシー一家の潜伏を関知していなかったと主張した．仇敵のはずの「イスラーム国」の最高指導者が潜伏していたことを察知することも，摘発することもできなかったという点で，シャーム解放機構の能力に自ら疑問符をつける内容といえる[10]．シリア国民軍の占拠地域も，「イスラーム国」の幹部の潜伏地として利用されていた．その際，シリア国民軍に参加している民兵組織が「イスラーム国」の幹部に身分証を発給して潜伏を支援していたとされる事例もあることから，シリア国民軍についても腐敗や能力不足のため，「イスラーム国」を取り締まることができていない可能性が高い[11]．なお，2023 年 8 月上旬に「イスラーム国」が第 4 代「カリフ」のアブー・フサイン・フサイニーがシリア北西部でシャーム解放機構との戦闘により死亡したと発表した．シャーム解放機構は第 4 代「カリフ」の死亡との関与を否定したが，同派の関与の程度を問わず，同派やシリア国民軍の制圧地が「イスラーム国」の幹部の潜伏先として選好されていることに変わりはない．

　本節の最後に，反体制派とイスラーム過激派の制圧地で救急サービスに従事したホワイトヘルメットの活動に触れておこう．この運動は，政府による武力弾圧で負傷した人々の救護を目的とする民間の団体だった．ただし，この団体は，発足の時点からイギリスなどからの支援を受けており[12]，シリア紛争では当事者の一部に与した救護活動と広報活動を行っていた．ホワイトヘルメットの活動は，一見地域社会から自発的に生じたサービス，反体制派とイスラーム過激派の統治下で提供された医療サービスの一部のように見える．しかし，実際には統治の主体とは異なる，外国や援助団体が並行して提供したサービスでもあった．この結果，

ホワイトヘルメットの構成員やその家族は西側諸国が保護すべき者たち
と考えられるようになり，彼らは政府軍が反体制派とイスラーム過激派
の制圧地を奪回，解放する中で，多数の一般人を「政府による弾圧下」
に取り残した上，多くのシリア人が保護を求めて待つ列を飛び越して，
ヨーロッパなどへ脱出した[13].

## 3　クルド民族主義勢力の統治

　クルド民族主義勢力が制圧したシリア北東部，アレッポ県北部の地域
は，PYD が主導する統治機関が樹立された．それは，数次にわたるト
ルコ軍の侵攻（2017年，2018年，2019年）を経て領域が変動し，西クルディ
スタン移行期民政局，ロジャヴァ北シリア民主連邦，北シリア民主連邦，
北・東シリア自治局など名称と機構の改編を経ながら現在に至っている
［青山 2020: 94-118］．なお，ロジャヴァとはクルド語で「西」を意味する．
本節では，クルド民族主義勢力の統治の実態と，世論調査の結果を基に
したクルド民族主義勢力への住民の態度について検討する．
　クルド民族主義勢力の統治は，PYD などが結成した，民主社会のた
めの運動という名称の政治同盟を基に，SDF の政治部門であるシリア
民主評議会を通じてなされる．これは，SDF に加わっている民兵やそ
の制圧地には，非クルド人が主流の団体と地域が含まれるからだ．統治
は，PYD の母体である PKK の指導者のアブドゥッラー・オジャラン
が提唱したコミューンを基盤とする直接民主主義に基づくものとされて
いる．これには，クルド民族主義勢力が制圧する各地域のコミューンか
らボトムアップ式に選出される評議会がより上位の決定機関を形成して
いく手法が取られている．その結果，統治の体制は強い分権性と，カン
トン（Cantons）ごとに異なる利害と統治制度によって特徴づけられるよ

うになった．例えば，ハサカ県北部に相当するジャジーラのカントンは
早くから報道機関の監督制度を整備し，2015年12月に報道評議会を設
置したが，アレッポ県北東部のコバニ（アイン・アラブ）のカントンでは
そのような措置は取られず，カントンをまたぐ報道機関の活動や記者の
移動に支障をきたした．同様に，国際的なNGOについても，個々のカ
ントンごとに活動許可を取得しなくてはならなかった［Allsopp and van
Wilgenburg 2019: 98-99］．

　オジャランの提唱した統治のありかたは，単に機構面にとどまらない
全面的な社会革命を目指すものだった．このため，クルド民族主義勢力
による統治のもう一つの顕著な特徴として，強いジェンダー平等志向を
挙げることができる．この志向を反映して，YPGと並行して女性によ
る戦闘部門である女性防衛隊（YPJ）が編成されている．また，全ての
評議会で，定数の4割が女性に割り当てられるクオータ制が導入されて
いる．女性への家庭内暴力は特に重要な問題として扱われており，家庭
内暴力や家族関係の仲裁のための機関が設置され，既にジェンダーの平
等や家庭内暴力などについて，従来の社会規範が変わりつつあると指摘
されている［Allsopp and van Wilgenburg 2019: 78-79］．クルド民族主義勢力の
統治下でのジェンダー平等志向は，宗教管理の分野でも明らかである．
2016年の設置された北・東シリアの諸宗教・諸信条局は，イスラーム，
キリスト教，ヤズィード派の共存を希求しこれらの諸宗教（及び非宗教的
な諸信条）の管理を担当している．同局は，キリスト教徒の男性，ヤ
ズィード派信徒の男性，そしてムスリムの女性の3人による共同議長体
制をとっている［Pierret and Laila 2021］．

　統治機構の維持や行政サービス提供のための財源として，石油収入，
燃料や農業への課税，輸入関税が挙げられている［Allsopp and van Wilgen-
burg 2019: 102］．2015年の時点では，クルド民族主義勢力の統治当局の経

費として 770 万ドルが必要とされるのに対し，1600 万ドルの収入が見込まれていた．財源は，水や電力の供給，食糧などの販売，許認可手数料，関税や領域通行料金，そして在外の支持組織やクルド人からの財政支援が挙げられた．なお，クルド民族主義勢力の制圧地域で生産された原油は，イラクに持ち出された上でトルコに輸出されていると考えられているが，これがどのように，そしてどの程度 PYD の収入になっているのかは不明である［Khalaf 2016: 17］．

　以上のように，クルド民族主義勢力による統治は，PYD の母体である PKK とその指導者のオジャランの信条に基づく独自のものだ．これは，シリア政府による統治とも，身近な行政サービスを提供するために自発的に発足した地元評議会とも異なり，個人の生活や価値観に関する分野にも及ぶ社会革命を希求するものだ．この点で，クルド民族主義勢力による統治は，支配下の住民に対する干渉志向が強く，「イスラーム国」をはじめとするイスラーム過激派が希求した統治と共通している．ただし，前者がジェンダー平等や諸宗教の共存のような，世俗的，社会主義的な志向に沿って個人や社会に干渉しようとしたのに対し，イスラーム過激派民兵諸派は彼らがそれと信じる正しいイスラームを個人の内面に至るまでの社会の隅々で実践することを目指しており，干渉志向の方向性は全く異なる．クルド民族主義勢力の民兵は，アメリカの提携勢力として「イスラーム国」と交戦し，反体制派とその主力であるイスラーム過激派からはシリア政府との連携，共謀を非難されるなど，イスラーム統治の樹立を目指す民兵と政治・軍事的に敵対している．この敵対関係は，政治・軍事的立場だけでなく，両者が支配下の住民に対する干渉を通じて実現しようとしている社会の方向性が著しく異なるという，信条的な相性の悪さにも起因している．

　クルド民族主義勢力による統治については，SDF が運営する「イス

ラーム国」の戦闘員や家族らを収監する刑務所の問題についても触れておこう．SDF は，制圧地域に複数の刑務所や収容施設を設置し，これを管理している．これらの施設の中では，「イスラーム国」の構成員の家族や，イラク，シリアの避難民を収容するフール・キャンプが著名である．キャンプには数万人が収容されており，中には欧米諸国を含む世界各地から「イスラーム国」に合流した者たちも含まれている．これらの者たちは，出身国が引き取って訴追するべきと考えられているものの，実際の送還は遅々として進んでいない［青山 2022: 77-78］．また，キャンプ内では「イスラーム国」の下で実践されてきた極端なイスラームの実践を周囲に押し付けようとする者たちが徒党を組むなどの問題も生じている[14]．多くの問題があるにもかかわらず，SDF による収容施設が長期間維持されている原因の中には，欧米諸国が収監者らを帰国させても，彼らを訴追したり，更生させたりすることが難しい上，彼らが再びイスラーム過激派として活動し，新たな人員を勧誘することへの懸念がある．その結果，欧米諸国は自国出身の「イスラーム国」の構成員らを帰国させるのに消極的になり，彼らは法的手続きも訴追もないままシリアに留め置かれている[15]．出身国が引き取りを望まない「イスラーム国」の構成員らを超法規的に収監する役回りは，YPG/SDF が欧米諸国のために担っている「汚れ役」といえる．

　PYD が主導する北・東シリア自治局の統治は，競合するその他のクルド民族主義勢力や，反体制派の活動家らからの批判を受けている上，先行研究でも聞き取り調査を基にその問題点が指摘されている．PYD/YPG の統治では，同派の方針に基づく教育やシンボルの採用，ジェンダー平等やコミューンを通じたボトムアップ式の意思決定などの社会革命が標榜される一方，統治機構や暴力装置を PYD/YPG が独占し，競合する党派を排除・弾圧するという権威主義的な実践がみられる．

例えば，KNC は地方自治や連邦制について PYD と対立したため，PYD が主導した地方行政のための政党法も拒否した．この結果，KNC など PYD と対立する諸政党はクルド民族主義勢力の制圧地では政党として登記されず，その活動もしばしば攻撃や弾圧の対象となっている［Allsopp and van Wilgenburg 2019: 135］．また，クルド民族主義勢力の制圧地では，2016 年にシリア政府による教育課程が全廃され，独自の教育課程が導入された．これはクルド語教育の実施など，クルド人の権利の増進としては肯定的なものだったが，制度自体がシリア政府と対立して導入されたため，政府から卒業・修了の資格が認められないという点で地域の住民，特に非クルド人やキリスト教徒らの不安を惹起した．政府が制圧する地域もあるハサカ県ハサカ市，カーミシリー市では，クルド民族主義勢力による教育課程を回避して教会の私設教育やシリア政府の公立学校に通おうとする者もいる．また，私立教育機関の設立や運営が認められない事例もある［Allsopp and van Wilgenburg 2019: 109-133］．聞き取り調査に基づく研究では，聞き取り対象の政治的傾向にも留意して実態を評価すべきだが，PYD/YPG の権威主義体質，排他体質，サービスや雇用の提供を通じた住民の取り込みなどの例を挙げ，クルド民族主義勢力の統治の手法が「体制（=シリア政府）」に類似しているとの指摘も上がっている［Khalaf 2016: 8-20］．つまり，PYD が標榜するコミューンを通じた直接民主主義への参加も，住民の自発性だけでなく，必需品やサービスの提供などの参加促進策に負っている面があるということだ．このような批判や指摘からは，既存の政府に対する反乱軍による統治が，往々にして（本来は反乱によって打倒・排除すべき）既存の政府による統治にまねごとになりがちだという，非国家武装主体による統治についてこれまで得られた知見が想起される．

　クルド民族主義勢力による統治への住民の支持や評価については，世

**表 3-1　現住所 P3 と母語 P10 のクロス**

度数

| P03 現住所（県） | P10 母語 | | 合計 |
|---|---|---|---|
| | アラビア語 | クルド語 | |
| ダマスカス県 | 152 | 1 | 153 |
| ラタキア県 | 132 | 0 | 132 |
| タルトゥース県 | 132 | 0 | 132 |
| ハサカ県 | 107 | 25 | 132 |
| ダイル・ザウル県 | 132 | 0 | 132 |
| ダマスカス郊外県 | 154 | 2 | 156 |
| ダルアー県 | 132 | 0 | 132 |
| アレッポ県 | 130 | 2 | 132 |
| イドリブ県 | 132 | 0 | 132 |
| ヒムス県 | 132 | 0 | 132 |
| ハマー県 | 132 | 0 | 132 |
| 合計 | 1467 | 30 | 1497 |

出所）「中東世論調査（シリア 2021-2022）」の回答を基に筆者作成．当該世論調査の概要と単純集計は https://cmeps-j.net/ja/publications/cmeps-j_report_58 を参照．以下表 3-6 まで同．

論調査の結果を基に検討しよう．中東世論調査（シリア 2021-2022）は，ダマスカスの調査機関を通じてシリア政府，クルド民族主義勢力，イスラーム過激派の制圧地を網羅して実施された[16]．**表 3-1** の通り，この調査は各勢力の制圧地を網羅し，シリアのほぼ全土で満遍なくサンプルを抽出したものではあるが，その一方で，1500 サンプルのうちクルド語を母語とする者が 30 しか含まれておらず，シリアでのクルド人の人口比率の推定値（8~10%）を大きく下回っている．シリアでのアラブとクルド人との混在の歴史に鑑みれば，クルド語を母語としないクルド人が存在することも不思議ではない．しかし，調査対象でクルド語を母語と回答した者が著しく少ないことは，クルド語を母語とする集団への調査が何らかの理由で十分できなかった，回答者が周囲の環境に配慮して，

**表3-2　現住所 P3 と Q10-1（シリアが既存の体制に沿って統合された国家であり続けること）のクロス**

度数

| P03 現住所<br>（県） | Q101 | | | | | 合計 |
| --- | --- | --- | --- | --- | --- | --- |
| | 非常に<br>同意する | 同意する | 普通 | あまり<br>同意しない | まったく<br>同意しない | |
| ダマスカス県 | 83 | 23 | 25 | 19 | 6 | 156 |
| ラタキア県 | 94 | 28 | 9 | 1 | 0 | 132 |
| タルトゥース県 | 100 | 24 | 4 | 4 | 0 | 132 |
| ハサカ県 | 110 | 7 | 14 | 1 | 0 | 132 |
| ダイル・ザウル県 | 107 | 25 | 0 | 0 | 0 | 132 |
| ダマスカス郊外県 | 104 | 33 | 13 | 4 | 2 | 156 |
| ダルアー県 | 12 | 16 | 25 | 37 | 42 | 132 |
| アレッポ県 | 112 | 12 | 7 | 1 | 0 | 132 |
| イドリブ県 | 0 | 2 | 5 | 44 | 81 | 132 |
| ヒムス県 | 44 | 55 | 31 | 2 | 0 | 132 |
| ハマー県 | 49 | 36 | 41 | 6 | 0 | 132 |
| 合計 | 815 | 261 | 174 | 119 | 131 | 1500 |

クルド語が母語であると正直に回答できなかった，などの結果，調査がクルド人の世論を十分反映できていないことを示唆している．また，連邦制の導入のような政治的に機微な質問を，質問票に加えることができなかった点も予め留意しておきたい．しかし，これは調査自体の意義や価値を損なうものとは言えない．なぜなら，調査が実施された地域のうち，ハサカ県の大半と，ダイル・ザウル県のユーフラテス川左岸地域はクルド民族主義勢力の制圧下にあり，クルド語を母語としなくとも調査対象者らがクルド民族主義勢力による統治をどのように考えているかを知ることができるからだ．

　表3-2は，現住所とシリアの将来像を問う質問群のうち，「シリアが既存の体制に沿って統合された国家であり続けること」との問いへの支

表 3 - 3　現住所と，Q10-3（クルド人地域に特典を与えること）のクロス

度数

| P03 現住所 （県） | Q103 | | | | | 合計 |
|---|---|---|---|---|---|---|
| | 非常に 同意する | 同意する | 普通 | あまり 同意しない | まったく 同意しない | |
| ダマスカス県 | 3 | 18 | 54 | 25 | 56 | 156 |
| ラタキア県 | 1 | 7 | 33 | 38 | 53 | 132 |
| タルトゥース県 | 3 | 1 | 7 | 21 | 100 | 132 |
| ハサカ県 | 28 | 6 | 7 | 86 | 5 | 132 |
| ダイル・ザウル県 | 0 | 0 | 1 | 2 | 129 | 132 |
| ダマスカス郊外県 | 12 | 53 | 42 | 17 | 32 | 156 |
| ダルアー県 | 0 | 0 | 18 | 51 | 63 | 132 |
| アレッポ県 | 4 | 4 | 38 | 45 | 41 | 132 |
| イドリブ県 | 0 | 2 | 14 | 103 | 13 | 132 |
| ヒムス県 | 0 | 0 | 0 | 49 | 82 | 131 |
| ハマー県 | 0 | 0 | 1 | 35 | 96 | 132 |
| 合計 | 51 | 91 | 215 | 472 | 670 | 1499 |

持とのクロス集計表だ．これによると，クルド民族主義勢力の制圧地域
でもこれに対し「非常に支持する」，「支持する」との回答が圧倒的多数
を占めている．「既存の体制」が，現在のシリアの領域や政治体制を指
すと解釈するならば，クルド民族主義勢力の制圧地域でも，分権的な連
邦制のような体制への支持はほとんどないということになる．現住所と
「クルド人地域に特典を与えること」への支持をクロス集計した**表3-3**
でも，これに対するクルド民族主義勢力の制圧地での支持は広がってい
ない．「特典」は，言語や文化の教育や分権と解釈できるが，それに対
する支持も高くはない．この件については，むしろ政府の制圧地の中心
部ともいえるダマスカス郊外県での支持の方が強いようにも見えるが，
ダマスカス郊外県は首都近郊に位置し，現在クルド民族主義勢力が制圧

### 表 3 - 4　現住所 P3 と共鳴する思想潮流 P123 のクロス

度数

| P03 現住所 （県） | P123 クルド民族主義 | | | | | 合計 |
|---|---|---|---|---|---|---|
| | 非常に 支持する | 支持する | 普通 | あまり 支持しない | まったく 支持しない | |
| ダマスカス県 | 1 | 8 | 39 | 39 | 69 | 156 |
| ラタキア県 | 0 | 2 | 22 | 45 | 63 | 132 |
| タルトゥース県 | 0 | 0 | 0 | 9 | 123 | 132 |
| ハサカ県 | 25 | 11 | 31 | 61 | 4 | 132 |
| ダイル・ザウル県 | 0 | 0 | 0 | 1 | 131 | 132 |
| ダマスカス郊外県 | 3 | 26 | 45 | 28 | 54 | 156 |
| ダルアー県 | 0 | 0 | 5 | 66 | 61 | 132 |
| アレッポ県 | 3 | 3 | 21 | 56 | 49 | 132 |
| イドリブ県 | 0 | 3 | 72 | 49 | 8 | 132 |
| ヒムス県 | 0 | 0 | 0 | 23 | 109 | 132 |
| ハマー県 | 0 | 0 | 1 | 7 | 124 | 132 |
| 合計 | 32 | 53 | 236 | 384 | 795 | 1500 |

している地域も含む地方からの移入者の住宅地が広がっている県だとい\
うことを反映していると思われる．**表 3 - 4** で現住所と「クルド民族主\
義への共鳴の程度」をクロス集計したところ，ハサカ県居住者はシリア\
国内で最も強くクルド民族主義への共鳴を表明したのに対し，ダイル・\
ザウル県では回答者全員が支持しないと回答した．ダイル・ザウル県の\
ユーフラテス川左岸部分はクルド民族主義勢力の制圧地であるため，同\
勢力の制圧地でもその政治目的や信条的な拠り所がまったく支持されて\
いない点に注目すべきだ．**表 3 - 5** は母語とする言語とクルド民族主義\
への共鳴のクロス集計，**表 3 - 6** は母語とする言語とシリアの将来像に\
ついてクルド人地域に特典を与えることへの支持とのクロス集計である．\
クルド民族主義も，クルド人地域への特典付与も，アラビア語を母語と

### 表 3-5　母語 P10 とクルド民族主義 P123 のクロス

度数

| P10 母語 | P123 クルド民族主義 | | | | | 合計 |
|---|---|---|---|---|---|---|
| | 非常に<br>支持する | 支持する | 普通 | あまり<br>支持しない | まったく<br>支持しない | |
| アラビア語 | 9 | 49 | 233 | 381 | 795 | 1467 |
| クルド語 | 23 | 4 | 2 | 1 | 0 | 30 |
| 合計 | 32 | 53 | 235 | 382 | 795 | 1497 |

### 表 3-6　母語 P10Q10-3（クルド人地域に特典を与えること）のクロス

度数

| P10 母語 | Q103 | | | | | 合計 |
|---|---|---|---|---|---|---|
| | 非常に<br>同意する | 同意する | 普通 | あまり<br>同意しない | まったく<br>同意しない | |
| アラビア語 | 29 | 87 | 212 | 468 | 670 | 1466 |
| クルド語 | 20 | 4 | 3 | 3 | 0 | 30 |
| 合計 | 49 | 91 | 215 | 471 | 670 | 1496 |

する者の間での支持は 1 割に達していない．この結果は，シリア人の間で，紛争の当事者やその政治目標についての利害関係や支持が錯綜しており，現在の政治体制への是非という沿う点では立場が共通する可能性がある反体制派，イスラーム過激派，クルド民族主義勢力が，シリアの将来像やクルド人の地位のような問題では激しく対立するという状況を示している．

　調査対象の偏りやクルド人社会の内部での支持傾向の差異が把握できていないなどの世論調査の限界を踏まえたとしても，アラブ人，特にダイル・ザウル県在住者の間でクルド民族主義勢力への支持がほとんどないという事実は，クルド民族主義勢力の民兵が地元の住民の政治的支持を得ながら活動する「目的志向」の民兵として存在可能な活動範囲を超

えた領域を制圧する存在になっていることを意味する．第2章第4節で，
YPG が主導する SDF にはアラブなどの諸民族の民兵も参加しているこ
とに触れたが，この調査結果は，SDF の組織内，及び制圧地域に政治
的志向や目的が著しく異なる民兵や地域社会が混在していることを明ら
かにした．このような事態に至った原因の一端は，アメリカがクルド民
族主義勢力の民兵を現地の提携勢力として起用ことがある．クルド民族
主義勢力の民兵は，シリア紛争に介入したアメリカの政治，軍事目標を
代行するかのようにラッカ市の攻略やユーフラテス川左岸の油田地帯の
制圧を担ったため，クルド人の居住地をはるかに超える範囲にまで制圧
地を拡大することになった．政治的支持を得られる範囲を超えて制圧地
域や活動範囲を拡大したことによる摩擦の例として，YPG による兵員
の強制徴用のような問題も生じている[17]ことも，民兵と制圧下の住民との
関係を考える上で無視できない．また，2023 年 8 月にはダイル・ザウ
ル県のユーフラテス川左岸に居住する部族を主な構成員とするダイル・
ザウル軍事評議会が SDF に造反し，双方が 2 週間程度交戦した．この
戦闘も，クルド民族主義勢力としての YPG が本来意図した範囲よりも
広い，アラブの諸部族が居住する地域の統治に関与したことによる，政
治・経済的な権益や権限を巡る摩擦の一例といえる[18]．

## 4 シリア政府は統治の問題にどう対処したか

本章は，ここまでシリア政府以外の紛争当事者の民兵諸派が制圧した
地域をどのように統治したのかについて考察したが，それではシリア政
府は自らの統制外になった地域にどのように臨んだのだろうか．また，
国家としての様々な機能を果たす上で生じた諸問題いかにして対処した
のだろうか．本節では，シリア政府がシリア領を統治するという問題に

どう対処したのかについて分析する.

　第 1 章で概観したとおり, シリア紛争が長期化, 激化するに従い, 政府は軍や治安部隊を遠隔地から撤収し, ダマスカスとアレッポとを結ぶ幹線道路や沿岸部の防衛を優先するようになった. 北部やユーフラテス川左岸の地域では PYD/YPG が正規軍の撤退した地域を制圧した. また, イスラーム過激派を主力とする反体制諸派の制圧地も拡大した. しかし, シリア政府は統制外になった地域に在住する公務員にも給与の支払いを続けた. 紛争初期は, 反体制派の占拠地域でも政府の職員が政府から給与を支払われてサービスを提供した [Hinnebusch 2022: 39, 47]. また, 「イスラーム国」が占拠していたラッカでも, 実際には機能していない政府による電力, 医療などの機関の職員に給与を支払い, 支払いを打ち切ったのは「イスラーム国」が政府からの給与に課税するようになってからだった [Khalaf 2022: 129]. 2015 年まではクルド民族主義勢力の制圧地でもシリアの公教育は継続し, その間教員への給与も支払われた [Allsopp and van Wilgenburg 2019: 109]. さらに注目すべき点は, 政府が各県の行政機能 (国立大学の事務機能, 病院, 行政書類発行機能など) を主要都市の一街区に集中させ, それを軍, 治安機関によって厳重に警備したことだ. これにより, 政府の統制外の地域に住む人々も, 行政手続きや必要な書類の入手のために政府の機関を訪れざるを得なくなった. また, 政府は高校や大学の卒業資格の付与や在外公館を通じた旅券発給などの機能を維持した. 紛争初期には, 大使級の外交官が離反した事例もあったのだが, 公館を挙げての離反は皆無だったため, シリア政府は各地の公館の機能を掌握し続けた. 他方, 政府が地方の主要都市で県の行政機能を死守した事例としては, 県の大半がイスラーム過激派に制圧されたダラア県のダラア市, 政府の制圧地がハサカ市とカーミシリー市の一角に過ぎなくなったハサカ県, 長期間にわたり「イスラーム国」に包囲されたダイ

ル・ザウル県ダイル・ザウル市がある．これらの政府の対策を，「アサ
ド体制（al-Asad regime）」が「シリア国家」と一体化することによって正
当性を主張するとともに，「国家の機能」を通じて「アサド体制」のた
めの資源（例えば，在外公館で海外に住むシリア人の旅券などを更新する際に得られる
手数料収入）を調達したと評する論考もある［Khaddour 2015: 2-5］．

　シリア政府は，基礎的な食糧や水，電力の供給のようなサービスの維
持に努めることにより，国家として機能を維持しようとした．政府が特
に重視したのは，紛争勃発前から補助金付きで供給していた基礎的食糧，
中でもパンの安定供給だった．シリア政府は紛争を通じてイランから巨
額の借款を受けたが，2013年の段階で40億ドル以上を反体制派の制圧
地の農民から優遇価格で小麦を購入する代金，海外から小麦を輸入する
ための支払い，必需品の供給に充てた［Ciro Martinez, and Brent 2017: 136-137］．
これに対し，自由シリア軍を名乗る民兵諸派は，制圧地域から自らの活
動のための資源を収奪するだけで，食糧をはじめとする基本的なサービ
ス提供を行わなかったため，紛争初期で住民の支持を失った［Ciro Mar-
tinez, and Brent 2017: 138-140］．シリア政府による制圧地域への基礎的なサー
ビス提供のための試みの中には，前線で反体制派やイスラーム過激派民
兵との間で資源の融通を合意した事例もある［Khalaf 2022: 121］．主な例
は，アレッポでの水と電力供給の交換，ダイル・ザウル県で双方の制圧
地への燃料の分配のための石油権益の共有である．

　シリア紛争中のシリア軍の行動のうち，特に非難されたのが病院，裁
判所，パン工場やパンの販売（配給）所に対する，樽爆弾と称される爆
発物を仕込んだ樽状の爆弾を投下するなどの爆撃である．これらの爆撃
は，無辜の市民を殺戮することを目指す無差別攻撃，残虐行為と称され
た．しかし，病院，裁判所，パン供給のための施設が，本章で検討して
きたシリア紛争の諸当事者による統治に不可欠な施設であることに鑑み

れば，攻撃の結果の戦略的，戦術的意味は単に無差別攻撃として非難すれば済むものではない．つまり，国家の機能や統治を意識していれば，政府側が他の紛争当事者に国家の機能を果たさせないことに焦点をあてて上記の施設を攻撃したことは驚くべきことではないといえる［Ciro Martinez, and Brent 2017: 141］．政府軍がダマスカス近郊，シリア南部，北部などで，反体制派とイスラーム過激派の制圧地にある統治機能を担う施設を激しく攻撃したのに対し，「イスラーム国」が占拠したラッカ市やシリア北東部の諸地域で同種の攻撃を行わなかったとして，これをシリア政府による「イスラーム国」の利用という陰謀論的な解釈がなされることもある．それによると，本章第1節で分析した「イスラーム国」の統治はシリア人民や国際社会にとって好ましいものではなく，それに対してシリア政府のみが対抗する国家機能を維持することで，シリア人民に“より望ましくない選択肢との比較”を迫ることによって政府の正統性を確保しようとしていたと結論付けられる［Khaddour 2015: 9-14］．もっとも，このような指摘よりも以前に，アメリカの機関は既に反体制派とそれと協働する地元評議会の統治に正統性を持たせることを意図した援助とその実績調査に類する活動を行っているし［Carnegie et al. 2021］，それがシリア政府打倒という目的を達成できなかった以上，統治機能や正統性の獲得という“戦場”でシリア政府が成果を上げたことは否定できない．また，この問題については，シリア政府によって統治機能が攻撃された地域が首都近郊や人口が多い地域だったのに対し，「イスラーム国」の制圧地は天然資源や農業生産に恵まれているとはいえ遠僻地だったという，地域の戦略的価値についても考慮に入れて分析すべきだろう．

注 ───────────────────────────────

1）特定の法学者を開祖とし，後継者たちが師弟相伝で師の見解や方法論を伝承するこ

とで確立される学派. スンナ派では, ハナフィー派, マーリク派, シャーフィイー派, ハンバル派が四大法学派と呼ばれる.

2 ）中東かわら版 2015 年度 95 号.「イラク, シリア:「イスラーム国」の生態:「イスラーム国」支配下での暮らし」https://www.meij.or.jp/kawara/2015_095.html （2023 年 5 月 29 日閲覧）

3 ）実際には社会基盤を維持する人員の確保や財源の確保が思うに任せなかったことを示唆する情報としては, 中東かわら版 2015 年度 135 号「イラク, シリア:「イスラーム国」の生態（住民からの収奪）」https://www.meij.or.jp/kawara/2015_135.html （2023 年 5 月 29 日閲覧）, 中東かわら版 2015 年度 136 号「イラク, シリア:「イスラーム国」の生態（"国家樹立"の失敗）」https://www.meij.or.jp/kawara/2015_136.html （2023 年 5 月 29 日閲覧）などがある.

4 ）サッカーのルールを「イスラーム法に則るものに改変した」との報道も見られた. 中東かわら版 2016 年度 87 号.「「イスラーム国」の生態:サッカーのルールを「シャリーア化」」https://www.meij.or.jp/kawara/2016_087.html （2023 年 5 月 29 日閲覧）

5 ）中東かわら版 2017 年度 89 号.「「イスラーム国」の生態:「イスラーム国」, 資産の持ち出しを急ぐ」（2023 年 5 月 29 日閲覧）

6 ）中東かわら版 2016 年度 125 号.「シリア:「反体制派」の刑務所の実態」https://www.meij.or.jp/kawara/2016_0125.html （2023 年 5 月 29 日閲覧）

7 ）中東かわら版 2015 年度 119 号.「シリア:「反体制派の解放区」の実態」https://www.meij.or.jp/kawara/2015_119.html （2023 年 5 月 29 日閲覧）

8 ）髙岡豊「「イスラーム統治」がもたらす白黒の世界」
https://news.yahoo.co.jp/expert/articles/fa8f6617b1187309e430ce97ae7ae975581613f6 （2023 年 9 月 11 日閲覧）

9 ）例えば, シャーム解放機構は 2023 年 3 月に最高幹部のアブー・ムハンマド・ジャウラーニーが「シリア革命 12 周年」の祝辞を述べる動画を発信した.

10）髙岡豊「「イスラーム国」の「カリフ」殺害:「シャーム解放機構」の釈明声明」https://news.yahoo.co.jp/byline/takaokayutaka/20220207-00281049 （2023 年 6 月 1 日閲覧）

11）髙岡豊「「イスラーム国」の安住の地はどこか？」https://news.yahoo.co.jp/byline/takaokayutaka/20220714-00305640 （2023 年 6 月 1 日閲覧）

12）髙岡豊「「ホワイトヘルメット」の末路」https://news.yahoo.co.jp/byline/takaokayutaka/20191113-00150664 （2023 年 6 月 1 日閲覧）

13）中東かわら版 2018 年度 39 号.「シリア:ホワイトヘルメットの末路」https://www.meij.or.jp/kawara/2018_039.htm （2023 年 6 月 6 日閲覧）

14）中東かわら版 2019 年度 1 号.「シリア:「イスラーム国」の構成員の収容キャンプ」https://www.meij.or.jp/kawara/2019_001.html （2023 年 6 月 6 日閲覧）

15）中東かわら版 2018 年度 25 号.「シリア:「イスラーム国」構成員の身勝手な主張」

https://www.meij.or.jp/kawara/2018_025.html（2023 年 6 月 6 日閲覧）

16）詳細は，青山弘之他『「中東世論調査（シリア 2021-2022）」単純集計報告』https://cmeps-j.net/ja/publications/cmeps-j_report_58（2023 年 6 月 29 日閲覧）を参照.

17）髙岡豊「シリア：シリア民主軍による少女の徴兵に抗議行動が起きる」https://news.yahoo.co.jp/byline/takaokayutaka/20211129-00270340（2023 年 6 月 6 日閲覧）髙岡豊「シリア：シリア民主軍への抗議行動が続く」https://news.yahoo.co.jp/byline/takaokayutaka/20211209-00271899（2023 年 6 月 6 日閲覧）

18）髙岡豊「シリア：続・部族を制すればシリアを制する」https://news.yahoo.co.jp/expert/articles/db8049acba02cb0c2692500ce51af269d470f164（2023 年 9 月 11 日閲覧）

# 第4章

## 民兵と政府

### ■ はじめに

　現在，シリア紛争では戦闘が小康状態となり，2019年秋のトルコ軍のシリア北東部侵攻[1]，2020年初頭の政府軍によるダマスカスとアレッポとを結ぶ幹線道路の制圧作戦[2]以後，各当事者の制圧地域もほとんど変動しなくなった．これは，政府の優位で紛争と諸当事者勢力分布が固定化している状況ともいえるが，シリアを取り巻く環境は2023年2月の大震災，同年5月のアラブ連盟復帰[3]に代表されるように着実に変化している．欧米諸国は，依然としてシリア政府の正統性や同政府との関係正常化を否定し，シリアに対する経済制裁を維持，強化し続けており，経済や社会基盤の再建の面からは大きな進展は見込めない．しかし，かつてはシリア政府の打倒を目指していたはずのサウジアラビアやUAEがシリア政府との関係を再開し，イスラーム過激派を半ば公然と支援していたカタルもシリアのアラブ連盟復帰を阻止しなかった．トルコとの間でも，ロシアを介した関係正常化協議が行われるようになった．つまり，反体制派がシリア政府を武力で打倒することを支援していた地域諸国の多くが，現在はその目標を断念し，シリア政府との関係正常化と協議を通じて事態の打開を図るようになったのだ．そうなると，シリア政府にとっても，状況は正規軍の弱体を補ったり，敵対者との苛烈な戦闘で

「汚れ仕事」を担わせたりする民兵を編成，拡大する局面から，政府や統治の機能，そして正規軍・治安部隊の組織を再建する局面へと転換したといえる．シリア政府は，動員の基盤も政治的な志向も諸外国との関係も異なる様々な親政府民兵を，何らかの形で正規軍の構造に取り込んだり，民兵の幹部たちを政治的に処遇したりして，親政府民兵の制御や動員解除に取り組むことになったのだ．そこで，本章では，紛争勃発前と後とでのシリアの政治構造の変化を，同国の国会にあたる人民議会の議員の出身背景の詳細な観察を通じて明らかにし，それを通じてシリア政府による親政府民兵の制御と動員解除の試みを分析する．

## 1　シリア紛争勃発前後のシリアの政治構造

　最初に，紛争勃発前のシリアの政治構造や統治機構について概観しよう．シリアの政治構造は，アサド父子や彼らを支える治安機関の高官にアラウィー派の者が多いことから，シリアでの少数宗派のアラウィー派と，宗派人口の上では多数派のスンナ派との対立という宗派主義的な枠組みで理解されがちだ．しかし，実際には農村部と都市部，新興の中産階級と伝統的な商工業者階級，政治・経済改革の結果存在感を増した伝統的有産階級や部族，新興実業家層など，Ḥ. アサド世代から B. アサド世代への世代交代のように，シリアの政治構造とそこにエリートを輩出する諸集団は，宗派的な帰属によって単純に決まっているわけではない．アサド政権は，シリアの政治構造を構成する諸集団を，あるものを優遇し，あるものを疎外することで分断し，個別に政権に従属させてきた［髙岡 2011: 30-34］．統治機構については，シリアの統治機構は二重構造となっていることが指摘されてきた［青山, 末近 2009］．この指摘によると，内閣や人民議会や裁判所のような，三権を司る機関は「名目的権力装

置」にすぎず，その主な役割は権威主義的なシリアの政治体制に，民主的で多元的な装いを与えることである．これに対し，「真の権力装置」を担うのが軍や治安機関の高官たちである．彼らは政府や人民議会で公職についているわけではないが，現実の行政や選挙や政治的決定に強い影響力を持っている．1960 年代に布告されて以来解除されていなかった非常事態令が，通常の法的手続きを取らない逮捕や処罰を可能とし，軍と治安機関に強大な影響力を支えた．この二つの権力装置をつなぐのが，バアス党である．バアス党は，憲法で「国家と社会を指導する党」と規定され，議会で多数派を確保するとともに，軍や治安機関の高官に党の役職を与えることで，「名目的権力装置」を「真の権力装置」が支配することを可能にした．

　しかし，シリア紛争が勃発すると，当初は政府も政治改革や政治犯の恩赦，ボーナスの支給などの対策を講じて，抗議行動を懐柔しようと試みた．代表的な措置だけでも，2011 年大統領法令 49 号（「ハサカ県の外国人」として登録されている者（＝クルド人）にシリア国籍を付与[4]），2011 年大統領令 161 号（1963 年 3 月 8 日に施行された非常事態を解除[5]），2011 年大統領法令 53 号（最高国家治安裁判所を廃止[6]），2011 年大統領法令 54 号（国民が平和的なデモを組織することについての法律[7]），2011 年大統領法令 100 号（政党設立についての法律[8]），2011 年大統領法令 101 号（人民議会，地方議会の選挙についての法律[9]），2011 年大統領法令 107 号（地方自治法に関するもの[10]），2011 年大統領法令 108 号（報道の多様性，表現の自由を広げるもの[11]）がある．これらの措置はシリア紛争当初の抗議行動が非難，要求してきた事項に対応するもので，これによりB．アサド大統領の退陣以外の法律や制度の不備が解消される形となった［青山 2017: 45］．これに続き，2012 年 2 月には新憲法信任のための国民投票が行われ，バアス党を「国家と社会を指導する党」と規定した条文の廃止，複数候補による大統領選挙の実施を含む新憲法が信任，公布さ

れた．次いで，新憲法のもとでの人民議会選挙も実施され，新たに選出された人民議会の議員が推薦人となった複数の候補による大統領選挙が行われ，B．アサド大統領が圧倒的支持を得て再選した．一連の措置により，人民議会の権限は強化され，PNF 非加盟政党の議会参加と公然活動も可能になった．しかし，紛争の激化に伴い，政府，官庁，人民議会からも離反者が出るようになり，政治改革による権力の二重構造の解消は実現しなかった．

　上記のようにしてシリアの統治体制を観察すると，行政，立法機関，中でも人民議会はあくまで名目的な存在にすぎず，重要な機関ではないとみなされるかもしれない．この考え方に立つと，人民議会選挙も形式的なものにすぎず，政府が民意を顧みずに議員を「任命」しているだけなので，議員の出身背景や社会的基盤も無視して構わないことになる．しかし，本書はそのような考え方を採らない．その理由は，第一に，人民議会はその設置以来，これに参加することの是非を巡って重要な政党の分裂を引き起こし，政府・与党に対抗する勢力を弱体化させる機能を果たしているからだ．2012 年以前は，与党連合である PNF に参加する政党だけが公認政党として選挙や人民議会に参加することができたが，PNF に加盟するには，バアス党の優位を承認し，軍や大学での政党活動を自粛しなくてはならなかった．つまり，バアス党以外の諸政党が PNF に加盟して人民議会で議席を得ることは，単に政府・与党による諸政党の取り込みとしての意義だけでなく，合法活動への参加の是非や政府・与党との関係を争点に競合相手となる諸政党を弱体化させることができるという意義もあったのだ．PNF 加盟政党として人民議会で議席を獲得している諸政党の中でも，シリア共産党や，[12] アラブ民族主義諸政党の中には，バアス党の優位を承認して合法活動を行うことをあくまで拒み，分裂して非公然活動を続けた分派がある．また，第 2 章第 5 節

第1項で挙げた SSNP も，2005 年にマルカズが PNF に加盟する以前から無所属議員として活動する SSNP の党員[13]がいたが ['Āmir 2006: 81]，マルカズとこの議員は個別に活動した．その後も，インティファーダからの閣僚選任や，マルカズに対するアマーナの優遇のように，シリアの政府・与党は SSNP の派閥ごとに処遇を変え，シリアでの SSNP の活動は分裂状態のままである．

　第二の理由は，人民議会議員の出身背景を分析することにより，シリア政府の基盤や政府が良好な関係を築こうとしている社会集団についてよりよく知ることができることだ．人民議会の選挙が形式的で民意を反映しないものだとすれば，何者か（この場合は政府や「真の権力装置」）が選挙結果を決定していることになるが，彼らがどのような判断基準で，どのような手順で当選者を決定しているかが，極めて重要な問題となる．また，そのようにして議席を獲得する議員の出身背景は，当選者を決定する者たちがシリアのどのような社会集団を政治体制に参加させようとしているのかを何よりも雄弁に示すことになるだろう．つまり，人民議会の議員が民主的に選出されていないというのならば，政府が非民主的に「任命」した議員たちの構成を観察することにより，政府がどのような社会集団に支えられているのか，政府がどのような社会集団に政治的な役職と権益を配分しているのかを容易に把握することができるのだ．それでは，人民議会に議員を輩出する様々な集団にとっての議会の意義は何であろうか？　人民議会は立法や行政府の監視で重要な役割を果たしているわけではないが，議員らは支持者への利益誘導や行政機関にサービスなどの提供を促す上で必要な人脈構築の場として人民議会に参加している [Perthes 1995: 166-170]．つまり，シリアに存在する諸般の政治勢力や社会集団は，分断や取り込みの客体として受動的に人民議会に参加するだけでなく，議員を輩出し，利益誘導や仲介を通じて権益を拡大する

ために能動的に参加しているのだ［髙岡 2023b］.

## ┃ 2　民兵を輩出する社会集団と政府（人民議会議員名簿より）

　本章冒頭で述べた通り，人民議会の構成は，シリアの政治体制にどのような社会集団が参加しているのか，政府側がどのような社会集団に政治的や役職と権益を配分しているのかを知る上で非常に重要な指標である．そこで，本節では人民議会で議席を獲得した諸政党の消長や，議員の出身背景の調査を通じた政治的役職や権益の配分の変化を分析する．公開情報や質的調査に依拠して要人の名簿を整備し，それを基に政権や政策の性質を論じた研究として，1970～80 年代のシリアのバアス党幹部を分析した優れた業績［Batatu 1999］がある．本節は，この手法を採用して人民議会議員を輩出する社会集団の変化の有無を分析し，政府が議会に参加させる個人や集団を選択する基準と，民兵の動員との関係を検討する．

　人民議会は 1971 年に設置された議会である．議員の任期は 4 年で，全国の 15 の選挙区から 250 人の議員が直接投票で選出される．有権者は，最大で一つの選挙区の定数と同数の候補者名を投票用紙に記入することができる．候補者は，通常「リスト」と呼ばれる選挙連合を組んで選挙に臨む．当選する可能性が高いのは与党連合のリストや政府の有力者と関係が深いリストである．政府と与党は，このリストに入る候補者を決定することにより，選挙結果に強い影響を与える［髙岡 2023b］.

### ⑴　政党・実業家

　まず，第 2 章第 5 節第 1 項で挙げた，政党・実業家の議席の数と内訳の変動を検討しよう．表 4-1 は，紛争勃発前の最後の選挙だった 2007

表 4 − 1　2007 年, 2012 年, 2016 年, 2020 年の人民議会での党派別議席数

| | 2007 年 | 2012 年 | 2016 年 | 2020 年*** |
|---|---|---|---|---|
| バアス党 | 135 | 156 | 171 | 167 |
| アラブ社会主義連合 | 8 | 3 | 1 | 3 |
| アラブ社会主義者運動 | 3 | 2 | 0 | 1 |
| 国民誓約党 | 2 | 1 | 0 | 2 |
| 統一社会主義者党 | 6 | 2 | 0 | 3 |
| 統一社会民主主義党 | 4 | 2 | 1 | 1 |
| アラブ民主連合 | 1 | 1 | 0 | 1 |
| シリア共産党 （バグダーシュ派） | 4 | 2 | 2 | 2 |
| シリア共産党 （ファイサル派） | 4 | 3 | 2 | 2 |
| SSNP （マハーイリー派/アマーナ） | 3 | 5 | 7* | 4* |
| SSNP （マルカズ） | | | | 4* |
| PNF 小計 | 170 | 177 | 184 | 184*** |
| 人民意思党 | | 2 | 0 | 0 |
| SSNP （インティファーダ） | | 3 | 7* | 4* |
| 人民党 | | | 1 | 2 |
| クルド人国民イニシアチブ | | 1 | 1 | 0 |
| 無所属／所属不明 | 78 | 64 | 64 | 64 |
| 欠員 | 2 | 4 | 0 | 0 |
| 定数 | 250 | 250 | 250 | 250 |

注）政党名に網掛けしたものは，PNF 加盟政党.

＊：SSNP の 2 派合計で 7 議席（2016 年）.

＊＊：SSNP の 3 派合計で 4 席（2020 年）.

＊＊＊：2020 年の選挙の党毎の議席集計は暫定.

出所）青山弘之『第 9 期シリア人民議会（2007 年）』，青山弘之『第 10 期（第 1 期）シリア人民議会選挙（2012 年 5 月）』，青山弘之『第 2 期（第 11 期）シリア人民議会選挙（2016 年 2 月）』，Awad and Agnes [2020b]，Shaar and Samy [2021]，筆者による調査を基に筆者作成.

年の選挙と，紛争勃発後に行われた 2012 年，16 年，20 年の選挙での各
政党の議席数の変動を示すものだ．この表から明らかなように，紛争勃
発後（＝新憲法施行後）の選挙では，バアス党の獲得議席が増加する一方，
共産党，アラブ社会主義連合，統一社会主義者党[14]が議席を減らした．
SSNP[15] は，2012 年，16 年の選挙で議席を増やしたものの，20 年の選挙
では議席を減らしている．紛争中，人民議会議員や各党の活動家からも
離反者や逃亡者が出ていることから，人民議会や諸政党の機能や活動が
低下していると思われる．そうした中，バアス党が議席を伸ばした原因
の一端には，同党が動員したバアス大隊の幹部たちや，親政府民兵の幹
部たちが，バアス党の議員として人民議会に進出したことが挙げられる．
2016 年の選挙では，計 8 人の議員かバアス大隊など親政府民兵の幹部
として挙げられており，それによるとこれらの議員の政治資本の主な源
泉は軍事的な貢献であると言われている [Awad and Agnes 2020a: 21-22]．
2016 年の選挙で議席を獲得したバアス大隊の幹部の一部は，20 年の選
挙でも再選された．この選挙でも，バアス党から当選した親政府民兵の
幹部が 8 人挙げられているが，その中にはイスマーイール派信徒[16]の国家
防衛隊幹部の議員，キリスト教徒の地域防衛隊指揮官の議員が各 1 人含
まれている [Awad and Agnes 2020b: 32]．ここから，バアス党には様々な宗
教・宗派集団で親政府民兵の動員に貢献した者を与党や人民議会に取り
込む機能があることがうかがえる．

　SSNP が 2012 年，16 年の選挙で議席を伸ばした理由の一端にも，マ
ルカズが民兵を動員したことがある．レバノンの SSNP 本部と連携す
るマルカズには，レバノンから資源を調達して紛争に参加することがで
きた．他の党派が後退する中で SSNP が議席を伸ばした理由としては，
SSNP の強固な支持基盤，動員力，紛争初期から親政府民兵を動員した
ことが挙げられている [Awad and Agnes 2020a: 9]．一方，民兵の動員に関

与したとの説もあったアラブ社会主義者運動については，紛争勃発前から議席数が少なかったこともあり，顕著な変動は見られなかった．

　シリア紛争は，シリアの経済にも甚大な影響を与えた．その影響は，戦闘による設備や社会基盤の破壊や貿易の減少にとどまらなかった．有力実業家が欧米諸国による制裁対象指定されたことや，実業家や資産家の離反や逃亡により，業界団体の幹部や人民議会議員となる者たちの顔ぶれや背景も大きく変化したのだ．紛争への実業家らの態度については，2000年代に進められた経済改革を通じて台頭するなどした政府との関係が深い者たち，在外の経済エリート，政府への依存が比較的軽微な事業を営んでいた者たちが，それぞれ親政府，反政府，中立の立場となったと指摘されている．ただし，在外の実業家を中心に組織化された反体制派の経済人の運動は，多様なシリア経済を包括する広汎な運動とはならなかった［Abboud 2022: 294-295］．また，紛争の結果，重要視される経済活動も変化し，食糧供給，金融サービス，政府の統制外になった地域の油田などから政府の制圧地への燃料供給が重要な分野となった［Awad and Agnes 2020b: 22］．この結果，2020年の選挙ではムハンマド・ハムシュー（Muḥammad al-Ḥamshū）ら，2000年代の経済改革に受益して議会に進出した実業家の存在感が低下した一方，燃料供給事業や民兵の動員で著名になったフサーム・カーティルジーらが人民議会に進出した．ただし，実業家たちが人民議会に進出する上で重要となる政治的要素は，2012年，16年の選挙と20年の選挙とは異なっているとの指摘もある［Awad and Agnes 2020b: 20］．それによると，2012年と16年の選挙では軍事や治安分野での貢献が重要だったのに対し，20年の選挙ではシリア・ポンドの価値防衛や新型コロナウイルス対策キャンペーンへの貢献が重要視された．

## (2) 部族[17)]

　シリア紛争の中でどのような政治的立場を取ったか注目された集団の中には，部族がある．シリア政府と部族との関係については，紛争勃発前のB.アサド政権期（2000～11年）の経済政策や，紛争時の武力弾圧により部族民の中での国家への帰属意識が失われ，部族への帰属意識が強まったことが，紛争中の諸部族の立場に影響を与えたとの指摘がある［Dukhan 2022a］．また，部族が動員した親政府民兵として著名なバーキル旅団について，同派も含む部族の民兵はトップダウン型で形成されたのではなく，紛争下で国家の機能が縮小する中での部族民の自発的な選択として草の根的に形成されたものであるとの見解がある［Dukhan 2022b］．

　しかし，政府への失望や怒り，国家の機能の縮小は，政府側から離反した部族や反体制派やイスラーム過激派についた部族の行動様式を説明できるが，政府を支持し続けた部族の行動様式を十分説明しているわけではない．バーキル旅団についても，同派が政府側につくだけでなく，「イランの民兵」と呼ばれている理由については別途検討すべきだろう．本節では，人民議会を媒介とした政府と部族との関係，親政府民兵動員の動機とその結果について考察する．

　表4-2の通り，人民議会では部族出身の議員が定数の1割～2割を占めていることが多い．この傾向は，1920年代にフランスの委任統治下でシリアに初めて国会に相当する議会が設置されて以来続いており，シリアでは部族やその指導者が相当の政治的影響力を持つことが自明視されてきた．しかし，シリア政治への部族の影響力は，定量的に実証されているわけではない．表4-3が示す通り，世論調査で部族主義への支持率は著しく低く，一般のシリア人の間で部族の政治的影響力は強いことは確認できない．また，世論調査では部族指導者や部族出身議員への信頼度，依存度も低いため，部族の政治的影響力を指導者と部族民と

## 表4-2　シリアの歴代の議会と部族出身議員の人数

| 任期 | 定数 | 部族出身議員の人数 |
|---|---|---|
| 1928 年 | 67 | 7 |
| 1932-1933 年 | 69 | 8 |
| 1936-1939 年 | 85 | 17 |
| 1943-1947 年 | 124 | 23 |
| 1947-1949 年 | 141 | 22 |
| 1949-1951 年 | 113 | 15 |
| 1953-1954 年 | 83 | 7 |
| 1954-1958 年 | 141 | 23 |
| 1960-1961 年 | 200 | 19 |
| 1961-1963 年 | 173 | 21 |
| 1965-1966 年 | 95 → 134 | 1 |
| 1971-1973 年（人民議会．任命制） | 173 | 3 < |
| 1973-1977 年（人民議会） | 186 | 8 < |
| 1977-1981 年（人民議会） | 195 | 12 < |
| 1981-1985 年（人民議会） | 195 | 11 < |
| 1986-1990 年（人民議会） | 195 | 13 < |
| 1990-1994 年（人民議会） | 250 | 20 < |
| 1994-1998 年（人民議会） | 250 | 24 < |
| 1998-2002 年（人民議会） | 250 | 16 < |
| 2003-2007 年（人民議会） | 250 | 14 < |
| 2007-2011 年（人民議会） | 250 | 17 < |
| 2012-2016 年（人民議会） | 250 | 28 < |
| 2016-2020 年（人民議会） | 250 | 36 < |
| 2020-2024 年（人民議会） | 250 | 27 < |

出所）髙岡豊「シリアの議会の部族出身議員名簿」https://cmeps-j.net/cmeps-j-reports/cmeps-j_report_66 を基に筆者作成.

## 表4-3　世論調査での部族主義への支持率

| 調査実施年 | 2007 年 | 2018（国内避難民対象）年 | 2020-2021 年 | 2021-2022 年 |
|---|---|---|---|---|
| 支持率（%） | 2.1 | 2.94 * | 3.3 * | 7.2 * |

注）「非常に支持する」と「支持する」の合計.
出所）青山弘之他「中東世論調査　シリア」, https://cmeps-j.net/ja/poll_surveys を基に筆者作成.

の単純なパトロン・クライアント関係で理解することも難しい．部族主義に支持・共感を表明した者の割合は著しく低く，質問票で挙げた他の思想潮流（2007 年は 9 項目，他は 7 項目）の中で，最下位か下から 2 番目の支持しか受けていない．紛争前後の比較でも部族主義への支持・共感はさほど増加しない．2007 年調査では「中東の政治について考えるとき，以下の誰，ないしは組織・機関の意見にどの程度依存しますか？」との質問があるが，これへの回答でも部族の指導者が含まれる選択肢「名望家・地域の首領など地域の権力者」，「人民議会議員，地元政治家などの政治指導者」の 2 つに「非常に依存する」，「依存する」と回答した者の割合の合計は，それぞれ 11.2%，14.6% で，9 項目中 7 位と 8 位だった［髙岡 2011: 202-203］．2021〜22 年調査では，「個人としての意見をもつ際に，以下の人物・組織にどの程度頼りますか」との質問がある．ここでも部族長を「とても頼る」，「頼る」と回答した者の割合は 9.9% で，6 項目中最下位だった[18]．

　一方，シリア国内でも地域によって部族の影響力や，部族やその指導者たちへの支持の程度が異なることも予想される．例えば，近代的な政治，経済，文化活動の影響を受けやすい都市から離れた遠僻地では，部族の政治・社会的役割や影響力が他の地域よりも強くなる可能性がある．シリア国内では，内陸で経済的にも立ち遅れた，ハサカ県，ラッカ県，ダイル・ザウル県がそのような地域に該当する．そこで，本節では上述の各調査の回答者の「現住所（2018 年の調査は国内避難民を対象としたため「出身地」）」と「部族主義への支持・共感」，「部族長への依存」との相関を検定した．ここでは，居住地（出身地）をおおよその人口が多い順に「1. 南部諸県（ダマスカス，ダマスカス郊外，ダラア，スワイダ，クナイトラ）」，「2. 北部諸県（アレッポ，イドリブ）」，「3. 中部諸県（ホムス，ハマ）」，「4. 沿岸部諸県（ラタキア，タルトゥース）」，「5. 東部諸県（ラッカ，ハサカ，ダイル・ザウル）」

に編集し，「部族主義への支持・共感」，「部族長への依存」を問う設問とのクロス集計と相関検定をした．しかし，検定の結果は，2007年の調査では「現住所」「部族主義への支持・共感」との相関は有意でなく，相関が有意となった2018年，2020～21年，2021～22年の調査でも，−0.2 ≦ p ≦ 0.2で二変数間の相関は乏しかった［髙岡 2023b］．相関検定の結果については，「巻末資料3：現住所と部族主義への支持・共感の検定」を参照されたい．つまり，シリアでは部族やその指導者たちの影響力やそれに対する支持の程度が，どのような地域でもおしなべて低いということができる．このような結果となった理由として，一連の世論調査で「部族主義への支持・共感」，「部族長への依存」を問われた際に「する」と回答した者の絶対数が少なかったことが挙げられる．シリアでは，部族を後進的生活形態とみなすバアス党の政権が60年以上続いており，世論調査の回答者たちはそうした環境に配慮して回答した可能性もある．しかし，そうした配慮の可能性を考慮したとしても，シリアの政治や社会での部族の影響力が定量的に実証されているわけではないという事実には留意しなくてはならない．また，定量的な裏付けがないからこそ，定性的な調査に基づく事実の積み上げと分析によって，部族の影響力の実態を解明しなくてはならないともいえる．

　では，シリアでは権威主義体制が部族の代表者に形式的に議会の議席を与えているのに過ぎないのだろうか？**表4-4**は，状況がそのように単純ではないことを示している．この表は，シリア議会の歴史をフランスの委任統治期（1928～43年），シリアの独立からH. アサドの政権掌握まで（1947～65年），人民議会の設置からシリア紛争勃発（1971～2011年）まで，シリア紛争勃発後（2011年以降）の4つに区分し，各々の期間の部族出身議員の延べ人数を集計したものだ．集計を見ると，1920年代～50年代に有利な立場を享受したシャンマル，マワーリー，ハディーディー

ユーン，フィドアーン，ルワーラなどの諸部族は，1963年のバアス党
の政権獲得を契機に議会からほぼ姿を消した．これらの諸部族は，フラ
ンスの委任統治期よりも前から有力部族として著名だったものだ．彼ら
が姿を消した結果，人民議会では，伝統的有力部族に代わりアカイダー
ト，バカーラ，ジュブール，タイイ，アファーディラ，アジール，ファ
ワーイラ，ブー・バナー，カイスなどの諸部族出身議員が増加した．伝
統的有力部族の中では，アフサナだけが議員を輩出し続けた．政府が部
族やその指導者に形式的に，実体のない名誉職として議席を与えている
ような場合，時代ごとに議員を輩出する部族が変化する必要はない．**表
4-4**は，時代や政治状況に応じて，政府と部族の双方の側に，議員を
輩出しやすくなる（しにくくなる）部族が現れる理由があることを示唆し
ている．

シリア紛争が勃発すると，人民議会議員にも離反や国外逃亡する者が
現れ，その一部には部族出身の議員がいた．さらに，イドリブ，アレッ
ポ，ラッカ，ハサカ，ダイル・ザイル県の一部ないし全域が「イスラー
ム国」やシャーム解放機構に占拠され，これらの地域では正常な選挙が
不可能になった．諸部族の動向では，ファワーイラは紛争勃発前にほぼ
常時人民議会議員を輩出していたが，2012年の選挙以後は議員を輩出
しなくなった．バカーラは，2012年に同部族当主のナワーフ・バ
スィールが離反を宣言して反体制派に合流したが，同部族からはダイ
ル・ザウル県から2012年に3人，16年，20年に各1人が当選した．ア
レッポ郡部の選挙区からも2016年に1人，20年に2人が当選し，同部
族の人民議会進出はむしろ拡大した．バシール自身も2017年初頭に反
体制派を離れてシリアに帰国した．反体制派についたとされるハリー
リーからも，ダラア県から2012年，16年，20年に各1人が当選した．
また，**表4-4**からも明らかなように，アレッポ県から延べ4人の議員

表4-4　議会に進出した主な部族の内訳（議員数は延べ人数）

| | 1928〜1943年 | 1947〜1965年 | 1971〜2011年 | 2012〜2020年 |
|---|---|---|---|---|
| アカイダート | 6 | 12 | 21 | 10 |
| アジール | 1 | 2 | 4 | 4 |
| アサーシナ | 0 | 0 | 0 | 4 |
| アスバア | 2 | 6 | 0 | 0 |
| アファーディラ | 3 | 4 | 13 | 2 |
| アフサナ | 2 | 5 | 8 | 2 |
| マワーリー | 2 | 5 | 0 | 0 |
| ウルダ | 4 | 5 | 3 | 0 |
| カイス | 0 | 0 | 5 | 3 |
| シャラービーン | 0 | 0 | 0 | 5 |
| シャンマル | 6 | 12 | 0 | 0 |
| ジュブール | 0 | 6 | 11 | 5 |
| タイイ | 1 | 9 | 10 | 6 |
| バカーラ | 3 | 7 | 7 | 9 |
| ハディーディーユーン | 4 | 5 | 0 | 0 |
| ブーバナー | 0 | 2 | 9 | 5 |
| ファワーイラ | 0 | 0 | 9 | 0 |
| フィドアーン | 4 | 5 | 0 | 0 |
| ルワーラ | 4 | 5 | 0 | 0 |
| その他 | 13 | 17 | 37 | 33 |
| 小計 | 55 | 107 | 137 | 88 |

出所）髙岡豊「シリアの議会の部族出身議員名簿」https://cmeps-j.net/cmeps-j-reports/cmeps-j_repo
rt_66を基に筆者作成.

を輩出したアサーシナと，ハサカ県から延べ5人の議員を輩出したシャ
ラービーンのように，紛争勃発後に人民議会に議員を輩出するように
なった部族もある．この両部族は，比較的小規模で，伝統的にそれほど
有力ではないと考えられてきた．つまり，人民議会をはじめとするシリ
アの歴代の議会に議員を輩出する部族と部族ごとの議員数の変動という，
質的な面に注目すると，時代や政権担当者や政治状況によって，議員を

輩出しやすくなる部族とそうではない部族があり，状況毎に議員を輩出する部族の条件が異なるということだ．

　シリア紛争勃発後の人民議会での議員数を維持したり，議会に議員を輩出しやすくなったりした諸部族には，単に政府を支持し続けたという以上に，親政府民兵を動員した部族が多い．紛争勃発により議員の離反や逃亡が相次いだ 2012 年の選挙では，アール・バニー・サブア，ウドゥワーン，アール・ナイーム，ハナーディー，バニー・サイードから当選者が出た．これらの部族は過去に議員を輩出した事例がないものが多く，2012 年に当選した議員らは再選されなかった．彼らの一部は，離反した部族の補充や人民議会での部族の代表者確保のための議員といえる．しかし，2012 年，16 年，20 年の選挙では，親政府民兵を動員したブーサラーヤー［Duhan 2019: 133］，タイイ［Duhan 2019: 145］，バニー・イッズ［Duhan 2019: 144-145］，シャラービーン［Duhan 2019: 145］，バカーラ，カイス，アサーシナ［Awad and Agnes 2020a: 20-22］からの当選者が増加した．人民議会議員を輩出した部族の多くが親政府民兵を編成した事実は，複数の部族が弱体化した政府を支える行動に出たことを示す．部族による親政府民兵の動員は，正規軍を補うという政府の都合だけでなく，現在の政府を維持してそこから政治的な権益を得ようとする部族側の事情も反映していた．親政府民兵の編成は，部族出身議員の量・質に非常に大きな影響を与えた．政府にとって，紛争の前後を通じて部族は社会に働きかける経路の一つであり続けた上，部族の中にも従来政府から得ていた権益を防衛したり，紛争に貢献して権益の拡大を図ったりしたものがあった．バーキル旅団の場合，その母体となったバカーラ部族は紛争勃発後の選挙で議員数を増やしており，同部族が親政府民兵の動員や，その過程で得たイランからの支援によって人民議会での存在感が上昇した．バーキル旅団の動員や行動で一般の部族民の下からの自発性に着目

するのならば，彼らは政府との関係を維持，強化することを通じて自ら
の権益や立場を維持，拡大しようとしたといえる．こうして，政府と部
族との関係は，利益の内容や関係に参加する部族の内訳の変化という形
で再構築されたのである．

　本節の分析から，どのような社会集団であれ，シリア紛争勃発後の選
挙では民兵を動員したことが議席の獲得と関係していると思われる事例
が多いことが明らかになった．これは，民兵の動員によって政府に貢献
できない集団は議席を輩出しにくくなることを示しており，共産党，ア
ラブ社会主義連合，統一社会主義者党のような諸政党と，2000 年代に
台頭したものの紛争下の経済状況で勢力を失った実業家，アファーディ
ラ，アカイダートなどの諸部族のように，本節で取り上げた諸集団で満
遍なくみられた現象だ．より大局的に考えれば，人民議会で議席を得る
個人や集団は，時代と状況に応じて政府が求める分野で何らかの貢献を
し，それが故に政治的に取り込まれたり，報奨を与えられたりしたとい
うことができる．

## 3　民兵と政府

　前節で人民議会への議員輩出と親政府民兵の動員との関係を検討した
際，シリア紛争で大規模な戦闘が減った 2020 年の選挙では，軍事的な
貢献以外の要素がより重要なものと考えられる場面もあったことに触れ
た．政府から見れば，紛争が軍事的に有利に推移するなか，親政府民兵
やそれを輩出した諸集団への統制や報奨のための措置が必要な局面に
至っているとも考えられるし，長期的には親政府民兵の動員解除や解体
も政策的な課題となっている．本節では，親政府民兵とそれを動員した

集団に政府がどのように対処したのか，今後どのような措置が取られるのかについて検討する．政府の弱体化に対処するために部族の機能を利用した先行事例としては，湾岸戦争（1991 年）後のイラクの例がある．シリアとイラクのバアス党は，1960 年代に分裂して以来敵対関係だった．しかし，世俗的，社会主義的なバアス党を与党とする政権が，信条的には相容れない部族を便宜的に利用した［Blaydes 2020］という点で，今後の部族とその民兵へのシリア政府の対応を考える上での参考となると思われる．イラクでは，2014 年に「イスラーム国」が勢力を伸ばした際に正規軍の量・質の不足を人民動員隊という民兵を起用して補ったことがあるが，人民動員隊をはじめとするイラクでの親政府民兵の処遇も，シリア政府の民兵への処遇を考える上での先行事例となろう．

　イラクでは，2005〜06 年の治安悪化に対応するために編成された覚醒評議会と，2014 年の「イスラーム国」の占拠地拡大に対抗するために動員された，人民動員隊という大規模な民兵編成の経験がある．覚醒評議会は，元々はアメリカ軍がイラク西部のアンバール県の部族に資金や装備を提供して育成した民兵で，2008 年初頭の段階で 42 組織，兵員数は同年 4 月の時点で約 10 万 5000 人と見積もられるほどの規模に拡大した．治安改善という当面の課題が解消された 2008〜10 年は，覚醒評議会をイラクの軍や治安機関の統制下に置いたり，覚醒評議会の指導者たちを政治的に処遇したりするという課題が生じた．当時のイラク政府は，覚醒評議会の構成員を内務省や国防省が管轄する治安機関に取り込む，イラク政府が民兵に給与を支払う，治安機関に編入できない人員については低賃金の公務員として雇用する，などの措置を講じた．また，覚醒評議会の指導者たちは，配下の民兵を維持したまま地方議会や国政議会に進出するようになった．これは，本来覚醒評議会の母体となったスンナ派や部族の人々を代表すべき政党が，彼らへの利益誘導機能を十

分果たさなかったことへの反発でもあった．覚醒評議会の処遇は，イラクの国家建設を中央集権的に進めるか否かという問題となった［山尾 2013: 176-207］．

　覚醒評議会の処遇は，覚醒評議会と既存の政治勢力との競合，覚醒評議会の民兵諸派間の競合，政府からの処遇に不満を持つ民兵の治安維持任務の放棄などの新たな問題の原因となった．これらは，2014年の「イスラーム国」の勢力伸張の遠因となった．その際にも，イラク政府や与党は正規軍の戦力不足を補うため，人民動員隊との名称で民兵を動員して「イスラーム国」に対抗した．人民動員隊は，「イスラーム国」がイラクのモスル市を占拠した直後にシーア派宗教界の最高権威のアリー・スィースターニー（'Alī al-Sīutānī）が祖国防衛を呼びかけたファトワーを契機に，既存の民兵組織や新規の志願兵が動員され，人民動員隊というアンブレラ組織の下に緩やかに統合された民兵である．人民動員隊には，66の組織と約14万人の人員が参加していた．「イスラーム国」の掃討で不可欠な役割を担い，政府の統制も受けない活動をするようになるにつれて，人民動員隊の統制が問題となった．その結果，2016年11月に人民動員関連法が議決された[19]［山尾 2019: 277-279］．その後も人民動員隊の指揮や統制には問題が残ったが，人民動員隊は公式な機構として政府に取り込まれ，幹部たちが閣僚級や政府の顧問のような立場で処遇されるようになった．また，人民動員隊を動員した政治勢力は，民兵への影響力を維持したまま，国会で議席を獲得し続けた．イラクでの民兵起用政策についての先行研究では，「（人民動員のような）親政府民兵の指導者たちは単なる軍閥首領ではなく，何らかの政治勢力や宗教勢力の代表でもある．彼らの勢力は，議会や地方行政にも及んでいる」と指摘している［Cigar 2015: 66］．この指摘に沿えば，イラクでは治安上民兵が必要であるという理由と加え，民兵とその指導者が政治や行政だけでなく社

会にも深く浸透しているため，民兵がそう簡単になくならないだろうという見通しにつながる．

　アラブ諸国での親政府民兵の動員と統制については，アルジェリアも先行の事例として挙げることができる．同国では，1990 年代の政府とイスラーム過激派との紛争の際，正規軍が駐屯できない地域の防衛や，イスラーム過激派に対する攻撃のために複数の親政府民兵が編成された．民兵と市町村の自警団組織は，1997 年の時点で 7000 以上になり，構成員は 20 万人に達したとされる［私市 2004: 288 注 32］．アルジェリアでの紛争は，1990 年代後半に主な当事者の一つだったイスラーム過激派の武装イスラーム集団（GIA）[20] が衰退するにつれて鎮静化し，GIA も 2005 年に当局が首領を逮捕したと発表して以降，消滅した［高岡 2023a: 47-48］．民兵や自警団についても，退職金や年金給付による動員解除，公的治安機関への編入や管轄変更などを通じて次第に解体された模様だが，一連の措置は紛争解決のための国民和解法の成立（1999 年）や国民投票での国民和解憲章採択（2005 年）採択よりも後の 2012 年頃まで続いた模様で，[21] 親政府民兵の統制や動員解除が長時間を要する機微な事業であることを示している．

　シリア政府は，親政府民兵を動員した集団の代表を人民議会に進出させ，公的な機関で政治的な役職を与えることで報いてきた．それとともに，民兵を統合，民兵の法的身分や指揮系統を政府・正規軍の枠内に統合しようと試みるようになった．親政府民兵の統合組織である国家防衛隊（2013 年）や地域防衛隊（2017 年）と，政府と和解した反体制派の民兵をも包摂する第 5 軍団（2016 年）は，この試みの一環として編成された組織である．しかし，シリア政府による親政府民兵の統制と動員解除は，困難な問題だった．なぜなら，本書の執筆の時点でもシリア領にはトルコやアメリカの占領地や，イスラーム過激派の占拠地があり，そこには

イスラーム過激派反体制派の民兵が，実態を伴うかは別として政府の打倒を主張して活動を続けている．クルド民族主義勢力も，シリア北東部の広範囲を制圧したままである．また，シリアの親政府民兵には，政府が編成したものだけでなく，シリア紛争で政府を支援したイランとロシアが各々編成に深く関与した民兵も含まれているからだ．つまり，シリアの親政府民兵の動員解除や解体のためには，紛争の鎮静化や国民和解という国内の政治課題の解決と並んで，イランやロシアのシリア紛争に臨む上での政策や目標との調整が必要なのだ．

　イランがシリア政府に与してシリア紛争の当事者になった理由や政策的な目標については第２章第５節第４項で検討したが，ロシアについてはどうだろうか．ロシアがシリア政府を支援する理由としては，同国にとってシリアが旧ソ連時代からの同盟国であること，シリアが（旧ソ連と）ロシアで開発された兵器と軍事技術の顧客であること，シリアのタルトゥース港にロシア海軍の拠点が設置されていることなど，具体的ではあるが局地的な視点からの説明がなされてきた．また，ロシアは国連の枠組みの下でシリアに制裁を科したり，欧米諸国がシリアに軍事介入することを正当化する安保理決議が採択されたりすることを徹底的に阻止してきた［髙岡 2022: 40］．このようなロシアの行動は，同国自身の外交，安全保障上の方針に基づくもので，"同盟国を見捨てる"ことによる威信の低下を防ぐとともに，シリアを国際場裏での大国としての地位を回復するための拠点とすること，ロシア・旧ソ連諸国出身者のイスラーム過激派構成員の増長に対する安全保障上の懸念なども考慮して説明すべきである［Vorobyeva 2020: 236-240］．より大局的には，多極的な国際関係を志向するロシアが（少なくとも特定の分野や領域で）アメリカに自らの大国としての地位と威信と発言力を認めさせようとして，シリア紛争を制御する力量を示すためにシリア紛争に軍事介入したとの考え方［Geukjian

2022] にも留意すべきだ.

　親政府民兵の処遇でのシリア政府, ロシア, イランの目標や方針, 展望については, 複数の可能性を分析することができる. 2018 年時点の状況を分析した報告書によると [Haid 2018], シリア政府が小規模なもの, より影響力のある民兵と競合するもの, 他の地域への展開を拒むもの, 犯罪で非難されるものを解体し, 個人として正規軍に編入する方針をとっている. これに対し, ロシアは第 5 軍団に代表されるように, 総合的な統制を確立したり, 正規軍の非効率を省略したりする構造を作ろうとしていると考えられている. ロシアが構築しようとしている民兵統制の仕組みの一部は, 正規軍と民兵の混合的な構造で, ロシアが公式な経路で給与を支払っている場合もある. 一方, イランはシリアの公的な軍事機構に長期間影響力を残そうとしている. イランは 2017 年に影響下の民兵を地域防衛隊へ再編することに合意したが, 地域防衛隊の構成員はその下での活動期間が兵役期間に算入されるという, 例外的な処遇が認められた. また, イランの影響下で地域防衛隊に編入された者の給与や死傷者への補償金はイランが支払っているとされる. 2019 年に発表された予測 [Batrawi and Grinstead 2019] では, シリア政府, ロシア, イランの目標が競合的で, 三者の全てにとって望ましい展開は考えにくい. それによると, シリア政府は現体制のパトロン的ネットワークを損なわない範囲で, 親政府民兵を正規軍・治安機関の指揮下で維持することを目指している. つまり, シリア政府にとっては, 民兵を完全に正規軍の機構に編入することと, 民兵に法的地位を付与して現状を追認することのいずれも最も望ましい解決策ではない. ロシアは, シリアの国家, 軍, 警察を再建することと, 親政府民兵をシリア軍に統合するか武装・動員解除することを目標としており, 民兵を正規軍に編入したり, 動員解除したりすることが最も望ましい策となる. これらに対し, イランはシリ

ア政府を通さずにシリアに影響力を行使できる主体を温存することを目標としており，「イランの民兵」の現状を追認して彼らにシリア国内で法的地位を獲得させることが望ましい解決となる．

　ここで挙げた分析は，軍事組織としての親政府民兵の処遇に焦点をあてており，前項で検討した，人民議会を通じて親政府民兵の幹部に報奨を与えたり，政治体制に参加させたりする方策とその効果については触れていない．人民議会での親政府民兵を編成した諸集団の消長を観察すると，既に民兵の一部が解体されていることがわかる．その例はSSNPで，同党は2020年の選挙で議席を減少させたが，それに先立つ2019年に傘下の民兵の訓練施設の解体，重火器の撤去，第5軍団への編入が行われた [Shaar and Akil 2021]．SSNPの勢力後退については，Ḥ. アサドの妻の実家のマフルーフ家が同党の熱心な支持者だったことから，マフルーフ家出身で，B. アサドの母方いとことして権勢をふるった実業家のラーミー・マフルーフがアサド家の親族内やシリア政府内で立場を失ったという，政府側の高官や有力者の人間関係の問題として認識されている．しかし，SSNPの消長は，親政府民兵の処遇というより大局的な観点から評価すべきで，シリア政府が諸般の政治勢力，社会集団の貢献を評価する要素として，民兵の動員の優先順位が下がりつつあることを示している．

　親政府民兵の統制や動員解除は，現在進行中の問題であり，今後もシリア紛争の展開，特に政治的和解や地域内外の国際関係の展開に大きく影響されるだろう．また，この問題は民兵の構成員となった者たちの人生に関わる問題のため，福祉や紛争からの復興という面からも長期的視点で研究すべきものだ．いずれにせよ，本章で試みた人民議会の観察のように，民兵を動員した社会集団の動向と彼らの勢力の盛衰を的確に把握する分析の手法を確立することが必要である．

注 ───────────────────────────────────────────

1）中東かわら版 2019 年度 117 号．「シリア：政府軍が北部に展開」https://www.meij.
　or.jp/kawara/2019_117.html（2023 年 7 月 7 日閲覧）

2）中東かわら版 2019 年度 181 号．「シリア：最近の軍事情勢」https://www.meij.or.jp
　/kawara/2019_181.html（2023 年 7 月 7 日閲覧）

3）中東かわら版 2023 年度 18 号．「シリア：シリアのアラブ連盟復帰」https://www.
　meij.or.jp/kawara/2023_018.html（2023 年 7 月 7 日閲覧）

4）シリア・アラブ共和国 2011 年大統領法令 49 号．http://www.parliament.gov.sy/ar
　abic/index.php?node=201&nid=4451&ref=tree（2023 年 7 月 10 日閲覧）

5）シリア・アラブ共和国 2011 年大統領令 161 号．http://www.parliament.gov.sy/ara
　bic/index.php?node=201&nid=4444&ref=tree&（2023 年 7 月 10 日閲覧）

6）シリア・アラブ共和国 2011 年大統領法令 53 号．http://www.parliament.gov.sy/ar
　abic/index.php?node=201&nid=4441&ref=tree&（2023 年 7 月 10 日閲覧）

7）シリア・アラブ共和国 2011 年大統領法令 54 号．http://www.parliament.gov.sy/ar
　abic/index.php?node=201&nid=4442&ref=tree（2023 年 7 月 10 日閲覧）

8）シリア・アラブ共和国 2011 年大統領法令 100 号．http://www.parliament.gov.sy/
　arabic/index.php?node=201&nid=16443&ref=tree&（2023 年 7 月 10 日閲覧）

9）シリア・アラブ共和国 2011 年大統領法令 101 号．http://www.parliament.gov.sy/
　arabic/index.php?node=5516&cat=4397（2023 年 7 月 10 日閲覧）

10）シリア・アラブ共和国 2011 年大統領法令 107 号．http://parliament.gov.sy/arabic/
　index.php?node=5575&cat=4390（2023 年 7 月 10 日閲覧）

11）2011 年大統領法令 108 号．http://www.parliament.gov.sy/arabic/index.php?node=5
　578&cat=4387（2023 年 7 月 10 日閲覧）

12）シリア共産党の分裂は，1972 年 4 月に顕在化した民主的・愛国的革命とパレスチナ
　問題の 2 つの問題についての立場の相違に端を発する．PNF に残留したバグダーシュ
　派はパレスチナ問題について，イスラエルを既成事実と認めて対処するよう主張した
　［‘Uthmān, Hāshim 2001: 74］が，こちらの立場の方が第三次中東戦争の際の被占領地
　の奪還を目指すシリア政府の立場に親和的といえる．

13）バースィール・ダフドゥーフ（Bāṣil Daḥdūḥ）議員．1990 年，1994 年，1998 年，
　2003 年の選挙でダマスカス選挙区から無所属で当選し，2007 年まで議員を務めた．

14）1964 年統一社会主義者党から分派して発足した．1972 年に PNF に加盟する際，こ
　れに反対する集団が分裂したが，アラブ社会主義連合は以後一貫して PNF 加盟政党
　の一角を占める．

15）1961 年のシリアとエジプトとの合邦解消の際，合邦支持派が形成した政治潮流に端
　を発する．アラブ社会主義連合との分裂をはじめとする，数度の分裂を経て PNF に
　加盟した後，1972 年に正式に結党した．

16）シーア派の分派．シリアではハマ県ミスヤーフやサラミーヤが伝統的な居住地．

17）本節は，［髙岡 2023］の考察を基に，これを改稿したものである．

18）青山弘之他「『中東世論調査（シリア 2021-2022）』単純集計報告」https://cmeps-j.net/ja/publications/cmeps-j_report_58（2023 年 2 月 16 日閲覧）

19）イラク官報 4429 号 3-5 頁．https://moj.gov.iq/wqam/4429.pdf（2023 年 7 月 18 日閲覧）

20）1992 年頃，軍と対立していたアルジェリアのイスラーム組織の過激派が結成した武装集団．1993 年以降，知識人，政治家，外国人を暗殺する活動を始めた．武装闘争による政権奪取を主張したが，自派を支持しないアルジェリア社会全体を不信仰とみなして攻撃するなどの活動が原因で支持を失い，2000 年代に消滅した．

21）2011 年 5 月 8 日付アルジェリア官報 26 号 6 頁に掲載された大統領令 11-89 で，市町村防衛隊が内務省から国防省の管轄に移管されたことが，市町村防衛隊解散に向けた措置と位置付けられている．https://www.joradp.dz/FTP/jo-arabe/2011/A2011026.pdf（2023 年 7 月 21 日閲覧）

# おわりに
## ——紛争の行方と社会変容——

　本書では，これまでシリア紛争の当事者となった様々な民兵について，親政府，反政府，クルド民族主義などの対立軸をまたいで各々の動員と統治の実態，政府による親政府民兵への処遇を明らかにしてきた．本書で考察の対象としたシリア紛争の当事者となった民兵諸派については，多数の書籍，論文，報告書，報道記事が著されている．もちろん，一次資料にあたる，民兵自身が発信した情報や広報製作物も大量に流布している．そうした意味で，本書の基礎となる先行研究や議論の論題は豊富だったといえる．しかし，実際にはこれらが紛争当事者の政治的立場を反映したり，それを広報するために制作されたりしていることも多く，資料批判やバイアスへの対処に多くの労力を費やさざるを得なかった．この傾向は学術的な研究にも及んでおり，シリア紛争の当事者の一部の政治的立場や行動様式をあらかじめ全面的に否定し，その狙いや意義についての分析で客観性を欠くもの，逆に当事者の一部を全面的に支持・肯定し，それに無自覚な状態のものも少なくなかった．シリア紛争は，紛争としてのみならず，移民・難民，国際関係，人道支援などの諸分野で世界的な問題となったが，そのせいもありシリア紛争についての著述は，質や発信者の背景を十分吟味した上で参照すべきものとなっている．

　「イスラーム国」やその他のイスラーム過激派民兵について分析したところ，彼らの実態は，紛争の現場での彼らの行動が一般的な民兵と大きく異なるものではないことが明らかになった．確かに，諸派はイスラームという宗教の教えに基づく統治や政治体制を現世に顕現させるとともに，闘争の結果敗北することや死ぬことすら，来世で報われる勝利

と位置付けて構成員を動員した．しかし，現実には組織を経営する資源
を調達する，そのために制圧下の地域の経済を運営する，そして制圧地
域を獲得するという営みで，彼らを他の民兵から隔絶した特別な存在と
みなすべき理由を挙げることは難しい．そもそも，「現世でイスラーム
統治を実現する」ことがイスラーム過激派民兵の政治目標である以上，
諸派は他の政治的志向を持つ民兵よりもはるかに能動的に統治に関与し
なくてはならなかった．無論，イスラーム過激派を含む，シリア紛争の
中で領域を統治した民兵諸派の実践を評価することは非常に困難だった．
シリア紛争で領域を統治した当事者は多岐にわたるが，「イスラーム国」
を含むイスラーム過激派の広報は，自らを正当化し，敵方を貶める意図
が特に強かった．また，紛争への政治的立場があらかじめ明らかな調査
や分析，政策提言や政策評価を目的としたと思われる報告書や論考が多
数発信されたが，それらがイスラーム過激派の広報や彼らについての証
言の偏りに十分配慮していないことも多かったからだ．

　本書では，紛争当事者のみならず，学術的なものも含め紛争について
情報を発信する主体の立場も加味した上で，状況を描写し，考察を進め
ることに留意した．その過程で，草の根の市民社会の絶対化やこれへの
過信ともいうべき状況評価が少なくなかった．また，市民社会を過剰に
評価することの裏返しとして，シリア政府やイスラーム過激派への否定，
悪魔化ともいえる描写も目立った．現実の問題として，シリアでの紛争，
民兵，統治の問題を研究課題とする場合，「草の根的な市民の抗議行動
と自治を適切に支援し，（欧米諸国が）シリア政府やイスラーム過激派を
軍事的に討伐していればよかった」と回顧しても，なぜシリアの状況が
当初期待された状況と異なるのかを適切に説明したことにはならない．

　第3章で検討した統治（特に行政サービスの提供）という観点では，先行
研究で地元評議会の活動やそれが獲得した正統性が強調された．しかし，

地元評議会は政府，イスラーム過激派，クルド民族主義勢力など統治を実践する上での競合者に敗退し，数や統治が及ぶ範囲が急激に縮小した．地元評議会の経験や試みは，個別の事例として評価すべきところもある．しかし，街区レベルでの行政サービスの提供は紛争下での広域的な行政，対外関係，軍事的な領域拡大などから無縁ではいられない．地元評議会が略奪や政治的抑圧などで悪評の高いものも含む民兵諸派のフロントや下請けのようにして統治を実践したことによる弊害や，個々の評議会の能力や志向が雑多だったことの弊害に留意すれば，地元評議会を現場の活動家・革命家・市民社会の実践として無条件に評価，正当化することはできない．

　地元評議会と同様，自由シリア軍を名乗る民兵も当初は地域社会から自然発生的，草の根的に発生したものだった．しかし，彼らは統一的な運動体として紛争の当事者になることができず，政府軍，イスラーム過激派に敗退したり，腐敗や堕落によって民心を失ったり，外国政府や外部の支援者が提供する資源に依存したりして勢力を失った．これらの民兵の一部は，TFSA に代表されるように事実上外国政府の傭兵となってしまった．自由シリア軍を名乗る民兵諸派の失敗の軌跡は，単にシリア紛争への外部の干渉や，地域に寄り添った支援ができなかった諸外国の関与の問題としてではなく，地域社会や市民社会からの自然発生的，草の根的な反体制武装闘争の限界の問題として論じるべき点がある．

　シリア紛争を通じ，政府軍による"民間施設"への攻撃は"無差別攻撃"として非難の的になった．ただ，こうした攻撃の少なくとも一部は，反体制派やイスラーム過激派が設置した統治に関する機関を破壊するものだった．民間人や民間施設への攻撃という倫理的な観点から離れ，単純に紛争下での統治の問題にどう対処するかという観点から考えると，敵方が設置した統治に関する施設を機能させないという行為は戦略・戦

術的に合理的であり，成果を上げたと言わざるを得ない．むしろ，この種の攻撃を "民間施設への無差別攻撃" としてのみ認識したことにより，シリア紛争での統治の問題についての考察が立ち遅れたとも思われる．

「イスラーム国」，イスラーム過激派，反体制派，クルド民族主義勢力は，各々の理念や目標，現実的な課題に沿って制圧地を統治しようとした．しかし，少なくとも諸派の統治の一部は，抑圧からの解放，自由や平等の実現，住民の生活水準の向上といった観点から既存の政府（=シリア政府）より優れた実践だったと評価することはできない．住民の日常生活への干渉や弾圧，政治的な異論や競合者の排除，社会集団間の摩擦の惹起など，深刻な問題を招いた実践もみられることから，民兵の統治が元々は彼らが非難していた既存の政府の実践の繰り返しに終わる，という先行研究の指摘を改めて想起すべきである．

シリア紛争に現れた諸般の民兵は，シリア政府とその同盟国が起用した親政府民兵のみならず，クルド民族主義勢力やイスラーム過激派諸派も外部のスポンサー（主に各国政府）と提携したり，それらの意に沿った行動をとったりするようになっていった．直接トルコ軍の指揮を受けるTFSA だけでなく，シャーム解放機構の行動もトルコによって統制されている．また，SDF は，「イスラーム国」の構成員らの収監のように，欧米諸国が避ける「汚れ仕事」を担っている．このように，多くの民兵は，紛争が長期化するにつれて紛争当事国のいずれかの "道具" としての性質を帯びていった．「イスラーム国」も，この傾向の例外ではない．「イスラーム国」は，一見イスラーム主義に反する思想・信条に基づく敵対者を，それが域外の国家であろうが身近な敵対者であろうが，教条主義的かつ無差別に，いかなる犠牲や労力も厭わずに常時攻撃しているかのように見える．しかし，同派による実際の攻撃対象は，組織の存亡にかかわるような強力な反撃が予想される対象（具体的にはアメリカ，イスラ

エル，ロシア，中国のような大国）や，自派の資源の調達場所（EU 諸国，アラビア半島の産油国）を回避するようになっていった．その結果，シリアでの「イスラーム国」の攻撃対象は，クルド民族主義勢力と政府軍・親政府民兵にほぼ限定されるようになった．イスラーム過激派も含む民兵の多くが，発足当初の自発的性質や草の根的な性質を喪失し，紛争当事者諸国に迎合したり，各国に利用される存在になったりしていった．また，シャーム解放機構や TFSA の一部は，イスラーム過激派の信条に基づけは拒絶すべきトルコとの連携，トルコによる統制を受け入れる立場に転じ，その結果，彼らによる領域の占拠と統治はトルコの保護を受けつつ長期化している．シリア紛争の当事者となったイスラーム過激派民兵が，外部の諸国に迎合したり，諸国と協調したりすることで局地的な組織の存続や権力の維持を図っていることは明白である．このような事実を明らかにしたことは，民兵の研究の中での本書の貢献である．

　第4章のとおり，シリア政府はシリア紛争勃発後様々な改革措置を講じ，制度の面ではシリアの政治は大きく変貌した．しかし，実践面で権力の二重構造とも言われた現実は，根本的には変わらなかった．その結果，シリア政府は正規軍の戦力を補う親政府民兵を必要とした際，シリア内外で長年培ってきた既存の政治，社会関係を再編，活性化することによって民兵を動員した．親政府民兵を動員した実業家や部族が，シリア紛争勃発後の新興勢力だったとしても，彼らは政府やその高官との親密な関係を通じて権益や有利な立場を獲得するという点において，既存の関係の枠内のアクターである．シリア政府は，親政府民兵を動員した諸集団の代表者らを，人民議会議員として処遇することで彼らの貢献に報いた．激しい戦闘が続き，政府が正規軍を補う戦力を必要としていた局面では，親政府民兵の動員は政府が親しい社会集団による貢献を判断する上で最重要の基準だった．今後の情勢の推移により判断の基準が変

化すれば，人民議会での親政府民兵を動員した集団の存在感が低下することが予想される．2020 年の選挙を経た人民議会の構成には，既に親政府民兵の動員が最重要の判断基準でなくなりつつあることが示されていた．

　どのような立場で紛争に臨んだとしても，民兵の処遇は短期的な政治，軍事の問題としてだけでなく，民兵の構成員やその家族の人生に関わる長期的な問題として観察，分析する視点が欠かせない．とりわけ，「イスラーム国」の構成員の収監問題，正規兵・民兵の負傷者支援や彼らの社会復帰の問題などは，単に法規の制定やその執行の問題にとどまらない，現場での実践の解明と理解が研究上の課題となるだろう．

付記

　本書は科学研究助成事業基盤 B（研究課題番号：21H03683）「中東の非国家武装主体の越境的活動に関する比較研究」の研究成果の一部として執筆したものである．
　本書でのアラビア語の固有名詞（人名，地名，団体名など）のカタカナ表記は，一部の例外を除き，大塚和夫，小杉泰，小松久男ほか編［2002］『岩波イスラーム辞典』岩波書店．に従った．ただし，アラビア語の定冠詞「アル=」，「アッ=」，「アン=」は原則として省略した．

　　2024 年 2 月 16 日

高岡　豊

資　　料

# 資料1　シリア国内の主な部族

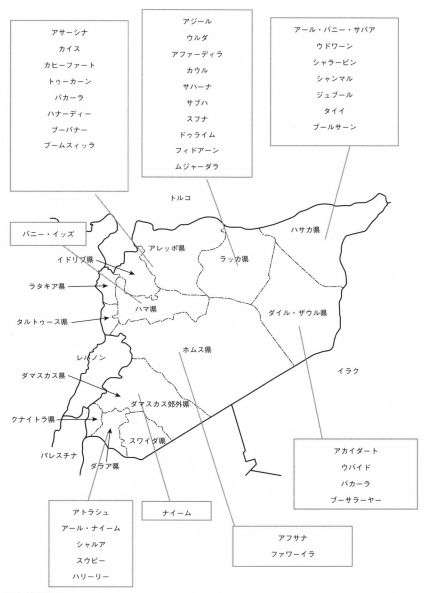

アサーシナ
カイス
カヒーファート
トゥーカーン
バカーラ
ハナーディー
ブーバナー
ブームスィッラ

アジール
ウルダ
アファーディラ
カウル
サハーナ
サブハ
スフナ
ドゥライム
フィドアーン
ムジャーダラ

アール・バニー・サバア
ウドワーン
シャラービン
シャンマル
ジュブール
タイイ
ブールサーン

トルコ

バニー・イッズ

ハサカ県

イドリブ県

アレッポ県

ラッカ県

ラタキア県

ハマ県

タルトゥース県

ダイル・ザウル県

レバノン

ホムス県

ダマスカス県

イラク

ダマスカス郊外県

クナイトラ県

スワイダ県

パレスチナ

ダラア県

アカイダート
ウバイド
バカーラ
ブーサラーヤー

アトラシュ
アール・ナイーム
シャルア
スウビー
ハリーリー

ナイーム

アフサナ
ファワーイラ

出所）筆者作成

## 資料 2　シリアの民族・宗教人口の割合

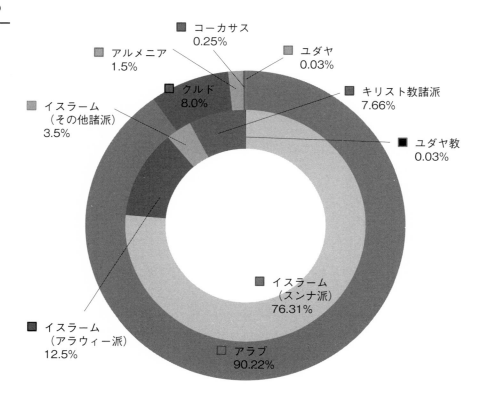

コーカサス
0.25%

アルメニア
1.5%

ユダヤ
0.03%

クルド
8.0%

キリスト教諸派
7.66%

イスラーム
（その他諸派）
3.5%

ユダヤ教
0.03%

イスラーム
（アラウィー派）
12.5%

イスラーム
（スンナ派）
76.31%

アラブ
90.22%

外：主要民族人口の割合
内：主要宗教人口の割合

出所）筆者作成.

## 資料3　シリアの主な部族

| 部族名 | 主な居住地 | 特記事項 |
|---|---|---|
| アカイダート | ホムス県，ハマ県，ラッカ県，ダイル・ザウル県 | 18世紀から19世紀にかけてユーフラテス河沿岸地域に進出した模様で，先住のジュブール，ドゥライムらの諸部族を駆逐して現在の居住地を奪取した．起源については諸説あるが，「様々な出自の諸部族の連合が，南方からアブー・カマール以西のユーフラテス河沿岸地域に移動したとする説がある．この諸部族の連合は，近隣からの脅威に対抗して盟約を締結した（Ta'āqadū）ので，それにちなんでアカイダートと呼ばれるようになった」との説が部族名の由来を説明している．ジュブールやシャンマルと抗争を起こしたことがある．また，イラクからの移住者を迎え入れ，アブー・カマール市の発展につなげたといわれる．20世紀にユーフラテス川沿岸地域に侵入したイギリス，フランスに対し執拗に抵抗したことで知られ，抵抗の指導者としてラマダーン・ブーシャラーシュが著名．フランスの委任統治にも抵抗を続けたため，委任統治体制下でのアカイダートへの待遇が格下げされた．最高指導者はハフル家（ユーフラテス川左岸が地盤）とされているが，その指導力は強くない．この他の有力者の家系としては，ジヤーブ家，ナジュリス家，ダンダル家（いずれもユーフラテス川右岸が地盤）がある．ユーフラテス川右岸のアカイダートからは親政府民兵が，左岸のアカイダートからはSDF傘下のダイル・ザウル軍事評議会が編成された．なお2014年に「イスラーム国」に対して蜂起した末殲滅されたシュアイタートはアカイダートの一派． |
| アジール | ラッカ県 | ジュブールの一派．バアス党幹部，人民議会レベルでシリア政府・与党に人材を輩出している． |
| アサーシナ | アレッポ県 | アレッポ県の小規模な部族だったが，シリア紛争勃発後に親政府民兵を動員したことにより人民議会への進出を果たした． |
| アファーディラ | ラッカ県 | 18世紀ごろにはラッカやジャジーラ地方に移動し，農耕を行うようになっていた．20世紀に入るとアファーディラの有力者の中に農場経営に成功して財をなす者が現れ，従来は従属していたフィドアーンに対して立場を強めた．フィドアーンとの間には，フィドアーン部族の指導者の息子殺害事件（1925年）以後，緊張関係にある． |
| アフサナ | ホムス県 | アネイザの一派．指導者の家系はムルヒム家．1940年代からムルヒム家より国会議員を輩出するようになり，1977年代からはアブドゥルアジーズ・ムルヒムが10期連続で人民議会議員となった．2012年にはアブドゥルアジーズの息子のムルヒムが人民党を結党し，シリア紛争勃発後の政府側の政治過程に参加し続けている． |
| アール・ナイーム | ダマスカス郊外県，クナイトラ県 | シリア全体に幅広く分布する部族．トゥハーン家から人民議会議員を輩出することがあるが，頻度は高くない． |

| カイス | アレッポ県 | アレッポ県北部の郡部に居住する部族．1990年代から急速に人民議会での存在感を高め，ビッリー家から議員を輩出した．シリア紛争でも親政府民兵を動員するなど政府側で活動し続けた． |
|---|---|---|
| シャラービーン | ハサカ県 | 伝統はあるが弱小部族で，歴史的に政治的地位は低かった．シリア紛争勃発後親政府民兵を動員したことから，急速に人民議会に進出した． |
| シャンマル | ハサカ県，ラッカ県 | 17世紀と18世紀の二度にわたる大規模な移動を経て，アラビア半島からシリアとイラクへと移動した．先住の諸部族に貢納させたり，アカイダート，バカーラ，フィドアーンと抗争するなどした．シリアとイラクとの間に国境が設置されると，シリア側とイラク側の双方に指導者を擁立した．その一方で，シャンマルの者たちは国境をほとんど意に介さずに両国間を往来した．指導者の家系はジャルバー家だが，シリアでアラブ民族主義，社会主義勢力が有力になると，これを嫌って指導者層はヨルダンやアラビア半島に移動した．ジャルバー家の縁者のアフマド・ジャルバーが一時反体制派の連合の国民連立の代表に擁立された．シャンマルからはサナーディートという名称の反体制派民兵が編成され，同派はSDFの傘下として活動している． |
| ジュブール | ダイル・ザウル県，ハサカ県 | アラビア半島から移動した末にユーフラテス川沿岸に居住していたが，アカイダートに敗れて現在の居住地に移動した．このため，アカイダートとは長年敵対し，両部族の居住地の境界にあたるダイル・ザウル県スワルなどで抗争を起こした．指導者の家系はムルヒム家だが，20世紀中ごろに継承争いから分裂した．シリア紛争に際しても，親政府，反政府に分裂した模様だが，有力な民兵を組織することができなかった． |
| タイイ | ラッカ県，ハサカ県 | 古くからハサカ県北部に居住していたが，シャンマルの移動に押されて勢力が縮小した．指導者の家系としては，アサーフ家，ハスー家がある．バアス党が政権に就く以前から同党に人材を輩出しており，2004年のクルド人の暴動やシリア紛争に際し，親政府民兵を動員して政府に協力した． |
| バカーラ | ダイル・ザウル県，ラッカ県，ハサカ県，アレッポ県 | イスラームの伝播以前か，アラブによる征服の時代にこうした地域に移動・定着した．また，バカーラとの部族名は，始祖のムハンマド・バーキルにちなむ名称とされるが，牛（Baqar）を飼育することを特徴とする故にバカーラと呼ばれるようになったとする俗説もある．2007年9月にイスラエルが核施設と称して爆撃した施設があるダイル・ザウル県キバルも，バカーラの居住地に含まれる．最有力の指導者の家系はバシール家．1938〜1943年にアブドゥルアジーズ山地付近（ハサカ県）に住むバカーラがシャンマルなどの周辺の諸部族と抗争を起こし，県知事の仲介を受けて講和したことがある． |
| バニー・イッズ | ハマ県 | 比較的新しい小規模な部族だが，1990年代から人民議会 |

| | | 議員を輩出するようになった. |
|---|---|---|
| ブーバナー | アレッポ県 | ブーシャアバーン部族の一派で，1950 年代後半から，有力者の家系であるマーシー家から常時議員を輩出するようになる. |
| ファワーイラ | ホムス県 | 18 世紀ごろに現れた比較的新しい部族．指導者の家系はファドウース家で，人民議会が設置されてからシリア紛争勃発までは常時同家の指導者が議員に当選してきた．シリア紛争では，政府を離反した部族として挙げられている. |
| フィドアーン | ラッカ県 | アラブの部族の中でも最大級の部族のアネイザの一派で，17 世紀からのアネイザの北上に伴いラッカ方面に移動した．19 世にはシャンマルをユーフラテス川右岸から駆逐し，当時は馬・ラクダを多数持つ最も好戦的な部族として知られた．第一次世界大戦後の 1920 年 8 月〜1921 年 10 月に，指導者のハージム・ブン・ムハイドがラッカにアラブ民族運動と連動した独自の政体を樹立した．フランスの委任統治期に優遇され，特権的な政治的地位を享受したが，20 世紀の経済変動のためアファーディラなどかつては従属させていた周辺の諸部族に対する地位は低下した．また，1950 年代にはエジプトとの合同を目指すアラブ民族主義勢力に対し，親族関係を基にイラクとの連合を志向したため，抗争に敗れて失脚した．指導者の家系はムハイド家．近年では，バアス党の地域指導部委員を輩出したこともあるが，議員，閣僚への人材輩出は確認できない. |
| ブルサーン | ハサカ県 | ウルダ部族の一派で，かつてはラッカ県西部に居住していた．ラッカ西方のユーフラテス河に造成されたダム湖（アサド湖）により居住地が水没する際，当時の指導者が H. アサドの要請を受けて 1975 年にハサカ県北部の「アラブ・ベルト」と呼ばれる地域に移住した．移住の後ブルサーンはハサカ県選挙区選出の人民議会議員を輩出するなど政治的に重用された. |
| ルワーラ | ダマスカス郊外県 | アネイザの一派．フランスの委任統治期から 1950 年代にかけて特権的な地位を享受し，常時国会議員を輩出していた．アラブ民族主義，社会主義勢力が優位になると，指導者層はこれを嫌ってアラビア半島などに移転した. |

出所）筆者作成.

## 資料4　現住所と部族主義への支持・共感との相関の検定（2018 年調査についての出身地）

**2007：有意でない**

相関係数

|  |  | 部族主義への共感 | 現住所（県） |
|---|---|---|---|
| 部族主義への共感 | Pearson の相関係数 | 1 | −.034 |
|  | 有意確率（両側） |  | .284 |
|  | N | 1000 | 1000 |
| 現住所（県） | Pearson の相関係数 | −.034 | 1 |
|  | 有意確率（両側） | .284 |  |
|  | N | 1000 | 1000 |

出所）筆者作成，以下同.

**2018：国内避難民：相関は有意だがほとんどない**

相関係数

|  |  | 部族主義 | 出身地（県） |
|---|---|---|---|
| 部族主義 | Pearson の相関係数 | 1 | −.182** |
|  | 有意確率（両側） |  | .000 |
|  | N | 1500 | 1500 |
| 出身地（県） | Pearson の相関係数 | −.182** | 1 |
|  | 有意確率（両側） | .000 |  |
|  | N | 1500 | 1500 |

**. 相関係数は 1% 水準で有意（両側）

部族主義への支持率と出身地のクロス表

|  |  | 出身地（県） | | | | | 合計 |
|---|---|---|---|---|---|---|---|
|  |  | 南部諸県 | 北部諸県 | 中部諸県 | 沿岸部諸県 | 東部諸県 |  |
| 部族主義 | 非常に共鳴する | 2 | 1 | 2 | 0 | 1 | 6 |
|  | 共鳴する | 1 | 11 | 2 | 0 | 24 | 38 |
|  | 普通 | 3 | 36 | 17 | 2 | 42 | 100 |
|  | あまり共鳴しない | 32 | 126 | 29 | 0 | 46 | 233 |
|  | まったく共鳴しない | 189 | 468 | 263 | 13 | 187 | 1120 |
|  | 分からない | 3 | 0 | 0 | 0 | 0 | 3 |
| 合計 |  | 230 | 642 | 313 | 15 | 300 | 1500 |

## 2020：相関は有意だがほとんどない

### 相関係数

| | | 部族主義 | 現住所（県） |
|---|---|---|---|
| 部族主義 | Pearson の相関係数 | 1 | -.110** |
| | 有意確率（両側） | | .000 |
| | N | 1500 | 1500 |
| 現住所（県） | Pearson の相関係数 | -.110** | 1 |
| | 有意確率（両側） | .000 | |
| | N | 1500 | 1500 |

**．相関係数は 1% 水準で有意（両側）

### 部族主義と現住所（県）のクロス表

| | | 現住所（県） | | | | | 合計 |
|---|---|---|---|---|---|---|---|
| | | 南部諸県 | 北部諸県 | 中部諸県 | 沿岸部諸県 | 東部諸県 | |
| 部族主義 | 非常に支持する | 2 | 1 | 1 | 0 | 5 | 9 |
| | 支持する | 2 | 5 | 4 | 1 | 28 | 40 |
| | 普通 | 8 | 39 | 4 | 6 | 38 | 95 |
| | あまり支持しない | 36 | 122 | 12 | 8 | 43 | 221 |
| | まったく支持しない | 347 | 96 | 249 | 256 | 129 | 1077 |
| | わからない | 17 | 9 | 2 | 1 | 29 | 58 |
| 合計 | | 412 | 272 | 272 | 272 | 272 | 1500 |

## 2021：相関は有意だがほとんどない

### 相関係数

| | | 部族主義 | 現住所（県） |
|---|---|---|---|
| 部族主義 | Pearson の相関係数 | 1 | -.138** |
| | 有意確率（両側） | | .000 |
| | N | 1500 | 1500 |
| 現住所（県） | Pearson の相関係数 | -.138** | 1 |
| | 有意確率（両側） | .000 | |
| | N | 1500 | 1500 |

**．相関係数は 1% 水準で有意（両側）

#### 部族主義と現住所（県）のクロス表

| | | 現住所（県） | | | | | 合計 |
|---|---|---|---|---|---|---|---|
| | | 南部諸県 | 北部諸県 | 中部諸県 | 沿岸部諸県 | 東部諸県 | |
| 部族主義 | 非常に支持する | 4 | 9 | 0 | 1 | 10 | 24 |
| | 支持する | 1 | 44 | 7 | 2 | 30 | 84 |
| | 普通 | 22 | 90 | 6 | 17 | 100 | 235 |
| | あまり支持しない | 98 | 60 | 27 | 36 | 24 | 245 |
| | まったく支持しない | 319 | 61 | 224 | 208 | 100 | 912 |
| 合計 | | 444 | 264 | 264 | 264 | 264 | 1500 |

### 部族長を頼りにする者の割合と現住所：相関は有意だがほとんどない

#### 相関係数

| | | 部族長を頼りにする | 現住所 |
|---|---|---|---|
| 部族長を頼りにする | Pearson の相関係数 | 1 | -.182** |
| | 有意確率（両側） | | .000 |
| | N | 1500 | 1500 |
| 現住所 | Pearson の相関係数 | -.182** | 1 |
| | 有意確率（両側） | .000 | |
| | N | 1500 | 1500 |

**．相関係数は 1% 水準で有意（両側）

#### 部族長を頼りにすると現住所のクロス表

| | | 現住所 | | | | | 合計 |
|---|---|---|---|---|---|---|---|
| | | 南部諸県 | 北部諸県 | 中部諸県 | 沿岸部諸県 | 東部諸県 | |
| 部族長を | とても頼る | 3 | 4 | 1 | 4 | 39 | 51 |
| | 頼る | 17 | 23 | 4 | 8 | 45 | 97 |
| | 普通 | 37 | 108 | 11 | 13 | 65 | 234 |
| | あまり頼らない | 145 | 60 | 25 | 19 | 69 | 318 |
| | まったく頼らない | 242 | 69 | 223 | 220 | 46 | 800 |
| 合計 | | 444 | 264 | 264 | 264 | 264 | 1500 |

## 資料5　シリア関連略年表

| 年（西暦） | 主なできごと |
|---|---|
| 1916 | サイクス・ピコ協定成立．オスマン帝国に対するアラブの反乱勃発． |
| 1917 | バルフォア宣言発出． |
| 1918 | アラブの反乱軍，ダマスカスに入城． |
| 1920 | マイソルーンの戦いでアラブ軍がフランス軍に敗北．フランス軍がシリアを制圧する． |
| 1921 | フランスとトルコがシリアとトルコとの境界で合意． |
| 1925-27 | シリアの反乱． |
| 1928 | シリアで初の国会議員選挙実施． |
| 1939 | フランスが国際連盟に委任統治規定に違反してイスケンデルーン地方（トルコ名：ハタイ）をトルコに割譲する． |
| 1946 | シリア独立． |
| 1948 | 第一次中東戦争 |
| 1958-61 | シリアとエジプトの合邦． |
| 1962 | シリア政府がイスラエルとの戦争を理由に非常事態令を布告．「例外的統計」に基づくクルド人の国籍剥奪が起こる． |
| 1963 | バアス党が政権を奪取． |
| 1964 | PLOとその軍事部隊のPLAが発足． |
| 1966 | バアス党の急進派が政権を奪取． |
| 1967 | 第三次中東戦争でゴラン高原をイスラエルに占領される．PFLP結成．サーイカ結成． |
| 1968 | PFLP-GCがPFLPから分裂． |
| 1970 | H.アサドが政権を掌握． |
| 1971 | H.アサドが大統領に就任．人民議会設置（1971-73の議会は任命制）．PNF結成． |
| 1973 | 第四次中東戦争． |
| 1976 | シリアがレバノン内戦（1975-90）に介入． |
| 1979 | イラン・イスラーム革命．アメリカがシリアをテロ支援国家に指定． |
| 1980 | イラン・イラク戦争勃発（-1988）． |
| 1981 | PIJ結成． |
| 1982 | イスラーム主義者がハマ市などで武装蜂起．イスラエルのレバノン侵攻． |
| 1986 | ヒズブッラーが『公開書簡』を発表して公然活動を開始． |
| 1987 | ハマース結成． |
| 1990 | 政治改革の一環として，人民議会の定数を195から250に拡大． |
| 1991 | ソ連崩壊． |
| 1997 | アメリカがPKKをテロ組織に指定． |
| 2000 | シリアとイスラエルとの間の和平交渉が頓挫．イスラエルが南レバノンの占領地の大半から撤退．H.アサド死去．B.アサドが大統領に就任． |
| 2001 | 9.11事件発生．アフガン戦争勃発． |
| 2003 | イラク戦争勃発．PYD結党． |
| 2004 | シリア北東部でクルド人らによる暴動発生．アメリカがシリア問責・レバノン主権回復法などに基づき対シリア経済制裁を強化． |
| 2005 | シリア軍がレバノンから撤退． |
| 2006 | イスラエルのレバノン攻撃に対しヒズブッラーが善戦．二大河の国のアル=カーイダなどがイラク・イスラーム国を結成． |

| | |
|---|---|
| 2010 | チュニジアで反政府抗議行動が勃発(「アラブの春」). |
| 2011 | エジプト,リビアで政権が崩壊.シリアでも抗議行動が広がる.自由シリア軍結成.EU,トルコ,アラブ湾岸諸国がシリアに経済制裁を科す.アラブ連盟がシリアの加盟資格を凍結.ヌスラ戦線(イラク・イスラーム国のフロント団体)がシリアでの武装闘争に参戦.シャーム自由人運動発足. |
| 2012 | シリアの新憲法公布.人民議会選挙実施.アメリカがヌスラ戦線をテロ組織に指定. |
| 2013 | 「反体制派」がラッカ市を占拠.イラク・イスラーム国がイラクとシャームのイスラーム国に改称.ヌスラ戦線の一部は同派との合流を拒否し,個別にアル=カーイダに忠誠を表明.ダマスカス郊外で化学兵器使用疑惑事件が発生.親政府民兵の連合体として国家防衛隊を編成. |
| 2014 | PYD が西クルディスタン移行期民政局を設置.アル=カーイダがイラクとシャームのイスラーム国と絶縁.イラクとシャームのイスラーム国が,カリフ制の復活を主張して「イスラーム国」と改称.大統領選挙実施,アサド大統領が再選. |
| 2015 | ヌスラ戦線などからなる連合がイドリブ県などを占拠.ロシアによる軍事介入本格化.SDF 発足. |
| 2016 | PYD 主導でロジャヴァ北シリア民主連邦を宣言.親政府民兵・旧反体制派民兵の再編・統合策として第5軍団編成.ヌスラ戦線がアル=カーイダからの分離を宣言し,シャーム征服戦線に改称.トルコ軍がアレッポ県に侵攻.人民議会選挙実施.政府軍がアレッポ市を解放.アメリカ軍がタンフを占領. |
| 2017 | シャーム征服戦線がシャーム解放機構に改称.アメリカ軍が化学兵器の使用を理由にシリア軍施設にミサイル攻撃を実施.シャーム解放機構の制圧下でシリア救済政府発足.親政府民兵の再編・統合策として地域防衛隊編成.トルコの傘下のシリア国民軍編成. |
| 2018 | アメリカ,イギリス,フランスがダマスカス郊外での化学兵器を理由にシリアへの航空攻撃を実施.トルコ軍がアレッポ県アフリーン郡を占領. |
| 2019 | 「イスラーム国」の占拠地が解消.レバノンの経済危機が深刻化.トルコ軍がシリア北東部に侵攻. |
| 2020 | バグダードで,アメリカ軍がイランの革命防衛隊エルサレム部隊のスライマーニー司令官,イラクの人民動員隊のムハンディス副司令官を暗殺した.人民議会選挙実施.アメリカがシーザー法に基づき対シリア経済制裁を強化. |
| 2021 | 大統領選挙実施,アサド大統領が再選.レバノンに対し,エジプトから天然ガス,ヨルダンから電力を,シリア経由で供給する合意が成立. |
| 2022 | シリア政府とハマースが和解. |
| 2023 | トルコ・シリア大震災発生.シリアがアラブ連盟に復帰. |

出所)Machugo, John [2014] Syria a Recent History, Saqi.青山弘之 [2017]『シリア情勢 終わらない人道危機』岩波書店.髙岡豊 [2023]『「テロとの戦い」との闘い あるいはイスラーム過激派の変貌』東京外国語大学出版会.などを基に筆者作成.

# 参 考 文 献

〈邦文献〉

青山弘之［2017a］「シリアの親政権民兵」『中東研究』530.

———［2017b］『シリア情勢——終わらない人道危機——』岩波書店.

———［2021］『膠着するシリア——トランプ政権は何をもたらしたか——』東京外国語大学出版会.

青山弘之，末近浩太［2009］『現代シリア・レバノンの政治構造』岩波書店.

今井宏平編［2022］『クルド問題　非国家主体の可能性と限界』岩波書店.

私市正年［2004］『北アフリカ・イスラーム主義運動の歴史』白水社.

クルーガー，アラン・B（藪下史郎訳）［2008］『テロの経済学——人はなぜテロリストになるのか——』東洋経済新報社.

ケイワン・アブドリ［2016］「イラン——政治の底流にある諸派閥工房の歴史と展望——」,後藤晃，長沢栄治編著『現代中東を読み解く——アラブ革命後の政治秩序とイスラーム——』明石書店.

末近浩太［2005］『現代シリアの国家変容とイスラーム』ナカニシヤ出版.

———［2013］『イスラーム主義と中東政治——レバノン・ヒズブッラーの抵抗と革命——』名古屋大学出版会.

———［2020a］『中東政治入門』筑摩書房.

———［2020b］「紛争下シリアにおける国家間の拡散——アサド政権の「勝利」を捉え直す——」,末近浩太，遠藤貢編『グローバル関係学4　紛争が変える国家』岩波書店.

高尾賢一郎［2019］「シリアにおけるイスラーム主義の栄枯盛衰」,髙岡豊，溝渕正季編著『「アラブの春」以後のイスラーム主義運動』ミネルヴァ書房.

髙岡豊［2008a］「シリア・レバノンのパレスチナ難民キャンプで活動する諸組織（1）」『現代の中東』44.

———［2008b］「シリア・レバノンのパレスチナ難民キャンプで活動する諸組織（2）」『現代の中東』45.

———［2011］『現代シリアの部族と政治・社会——ユーフラテス川沿岸地域・ジャジーラ地域の部族の政治・社会的役割分析——』三元社.

———［2013a］「「潜入問題」再考——シリアを破壊する外国人戦闘員の起源——」『中東研究』516.

———［2013b］「シリア——イスラーム過激派の伸張とその背景——」『中東研究』519.

———［2014］「シリア——「真の戦争状態」が必要とする「独裁」政権——」,青山弘之編『「アラブの心臓」に何が起きているのか——現代中東の実像——』岩波書店.

———［2017］「シリア——紛争とイスラーム過激派の台頭——」,山内昌之編著『中東とISの地政学　イスラーム，アメリカ，ロシアから読む21世紀』朝日新聞出版.

　　　　──── ［2018］「シリア紛争とイスラーム主義」，髙岡豊，白谷望，溝渕正季編著『中東・イスラーム世界の歴史・宗教・政治　多様なアプローチが織りなす地域研究の現在』明石書店．

　　　　──── ［2020］「シリア紛争と非国家武装主体──「イスラーム国」の動員の特徴と限界──」『国際安全保障』48（1）．

　　　　──── ［2021a］「「イスラーム国」の下での理想的生活」髙尾賢一郎，後藤絵美，小柳敦史編『宗教と風紀〈聖なる規範〉から読み解く現代』岩波書店．

　　　　──── ［2021b］「治安──イスラーム過激派の越境移動の論理とメカニズム──」末近浩太編著『シリーズ・中東政治研究の最前線2　シリア・レバノン・イラク・イラン』ミネルヴァ書房．

　　　　──── ［2022］「シリアと大国──繰り返される「シリアを巡る闘い」──」『中東研究』544．

　　　　──── ［2023a］『「テロとの戦い」との闘い　あるいはイスラーム過激派の変貌』東京外国語大学出版会．

　　　　──── ［2023b］「紛争後のシリアにおける部族出身議員輩出のメカニズム」『国際安全保障』51（1）．

髙岡豊，溝渕正季［2015］『ヒズブッラー　抵抗と革命の思想』現代思潮新社．

武内進一［2009］「政権に使われる民兵──現代アフリカ紛争と国家の特質──」『年報政治学』60（2）．

中東調査会イスラーム過激派モニター班［2015］『「イスラーム国」の生態がわかる45のキーワード』明石書店．

松永泰行［2014］「シーア派イスラーム革命体制としてのイランの利害と介入の範囲」，吉岡明子，山尾大編『「イスラーム国」の脅威とイラク』岩波書店．

山尾大［2013］『紛争と国家建設　戦後イラクの再建を巡るポリティクス』明石書店．

　　　　──── ［2019］「立ち上がったイスラーム主義──戦後イラクに見る多様な展開──」，髙岡豊，溝渕正季編著『「アラブの春」以後のイスラーム主義運動』ミネルヴァ書房

ロス，マイケル・L（松尾昌樹，浜中新吾訳）［2017］『石油の呪い──国家の発展経路はいかに決定されるか──』吉田書店．


〈欧文献〉

Abboud, Samer ［2022］ "Capital, Business Elites and the Syrian Uprising," Jasmine K. Gani, Raymond Hinnebusch eds., *Actors and Dynamics in the Syrian Conflict's Middle Phase Between Contentious Politics, Militarization and Regime Resilience*, London: Routledge.

Akhter, Nasrin ［2022］ "Understanding a Decade of Syria – Hamas Relations, 2011-2021," *Syria Studies*, 14(1), University of St.Andrews.

Allsopp, Harriet and Wladimir van Wilgenburg ［2019］ *The Kurds of Northern Syria Governance, Diversity and Conflicts*, London: I.B Tauris.

'Āmir, Maḥmūd 'Alī ［2006］ *al-Aḥzāb al-Siyāsīya fī Sūrīya* （シリアの政党), Damascus: Dār al-Ṣafdī.

Arjona, Ana and Nelson Kasfir, Zachariah Mampilly [2015] "Introduction," in Arjona, Ana, Nelson Kasfir. and Zachariah Mampilly eds., *Rebel Governance in Civil War*, Cambridge: Cambridge University Press.

Awad, Ziad and Agnes Favier [2020a] *Elections in Wartime: The Syrian People's Council (2016-2020)*, European University Institute.

———— [2020b] *Syrian People's Council Election 2020: The Regime's Social Base Contracts*, European University Institute.

Bakkour, Samer [2022] "The Battle for Deir ez-Zor," Jasmine K. Gani, Raymond Hinnebusch eds., *Actors and Dynamics in the Syrian Conflict's Middle Phase Between Contentious Politics, Militarization and Regime Resilience*, London: Routledge.

Barrett, Richard [2014] *Foreign Fighters in Syria*, New York: Soufan Group.

Batatu, Hanna [1999] *Syria's Peasantry, the Descendants of Its Lesser Rural Notables, and Their Politics*, Princeton: Princeton University Press.

Batrawi, Sanar and Nick Grinstead [2019] *Six Scenarios for Pro-regime Militias in 'Post-war' Syria*, Hague: Clingendael Netherlands Institute of International Relations.

Bauer, Katherine [2018] *Survey of Terrorist Groups and Their Means of Financing*, the Washington Institute for Near East Policy.

Berger, Alan [2013] "The 'let-it-burn' strategy in Syria Obama's statecraft may be a calculated, Machiavellian approach," *The Boston Globe*, June 22, 2013.

Blaydes, Lisa [2020] "Rebuilding the Ba' thist State: Party, Tribe, and Administrative Control in Authoritarian Iraq 1991-1996," *Comparative Politics*, October 2020.

Caris, Charles C. and Samuel Reynolds [2014] "ISIS Governance in Syria," *Middle East Security Report 22*, Institute for the Study of War.

Carnegie, Allison and Kimberly Howe, Adam Lichtenheld, Dipali Mukhopadhyay [2021] "The Effects of Foreign Aid on Rebel Governance: Evidence from a Large-scale US Aid Program in Syria," *Economics & Politics*, 2021; 00: 1-26.

Cigar, Norman [2015] *Iraq's Shia Warlords and Their Militias: Political and Security Challenges and Option*, Pennsylvania: United States Army War College Press.

Ciro Martinez, Jose and Brent Eng [2017] "Struggling to Perform the State: The Politics of Bread in Syrian Civil War," *International Political Sociology*, 11.

Collier, Paul and Anke Hoefffler [1998] "On Economic Cause of Civil War," *Oxford Economic Papers*, 50(4).

———— [2004] "Greed and Grievance in Civil War," *Oxford Economic Papers*, 56(6).

Conflict Armament Research (CAR) [2017] *Weapons of the Islamic State*, https://www.conflictarm.com/reports/weapons-of-the-islamic-state/(2023 年 5 月 3 日閲覧).

Country Information Service of the Finnish Immigration Service [2016] *Syria: Military Service, National Defense Forces, Armed Groups Supporting Syrian Regime and Armed*

*Opposition*, Helsinki: Finnish Immigration Service.

De Graaf, Beatrice and Ahmet S. Yayla [2021] *Policing as Rebel Governance: The Islamic State Police*, Washington: The George Washington University.

Dickinson, Elizabeth [2013] *Playing with Fire: Why Private Gulf Financing for Syria's Extremist Rebels Risks Igniting Sectarian Conflict at Home*, Washington DC: The Brookings Institution.

Dukhan, Haian [2014] "Tribes and Tribalism in Syrian Uprising," *Syria Studies*, 6 (2) London: Routledge.

———— [2019] *State and Tribes in Syria Informal Alliances and Conflict Patterns*, London: Routledge.

———— [2022a] "The end of the dialectical symbiosis of national and tribal identities in Syria," *Nation and Nationalism*, 28(1).

———— [2022b] "Tribal mobilization during the Syrian civil war: the case of al-Baqqer brigade," *Small Wars & Insurgencies*.

———— [2022c] "Tribes at War The Struggle for Syria," Jasmine K. Gani, Raymond Hinnebusch eds., *Actors and Dynamics in the Syrian Conflict's Middle Phase Between Contentious Politics, Militarization and Regime Resilience*, London: Routledge.

Fearon, James D. [1995] "Rationalist Explanations for War," *International Organization*, 49 (3).

Fearon, James D. and David Laitin [2003] "Ethnicity, Insurgency, and Civil War," *American Political Science Review*, 97(1).

Geukjian, Ohannes [2020] *The Russian Military Intervention in Syria*, Quebec: McGill-Queen's University Press.

Goodarzi, Jubin M. [2020] "Iran and The Syrian Civil War," in Hinnebusch, Raymond and Adham Saouli ed. *The War for Syria Regional and International Dimensions of the Syrian Uprising*, London: Routledge.

Haid, Haid [2018] *Reintegrating Syrian Militias: Mechanisms, Actors, and* Shortfalls, Beirut: Carnegie Middle East Center.

al-Ḥamad, Muḥammad ʻAbd al-Ḥamīd [2003] *ʻAshāʼir al-Raqqa wa al-Jazīra al-Tārīkh wa al-Mawrūth: History of Raqqa Tribes*, al-Raqqa, n.a.

Hamanaka, Shingo and Miyui Tani [2023] "State Reconstruction, Political Actors, and Expectations of Syrians Regarding Development Assistance From Foreign Countries An Analysis of the Middle East Public Opinion Survey in Syria 2020-2021," *Annals of Japan Association for Middle East Studies no.39-1*, pp.1-22

Hinnebusch, Raymond [2022] "Governance Amidst Civil War," Jasmine K. Gani, Raymond Hinnebusch eds., *Actors and Dynamics in the Syrian Conflict's Middle Phase Between Contentious Politics, Militarization and Regime Resilience*, London: Routledge.

Hoyle, Carolyn, Alexandra Bradford, and Ross Frenett [2015] *Becoming Mulan? Female*

*Western Migrant to ISIS*, Institute for Strategic Dialogue.

International Crisis Group [2013] Anything but Politics: The State of Syria's Political Opposition, *Middle East Report*, 146, October 2013.

The International Institute for Strategic Studies [2019] *Iran's Networks of Influence in the Middle East*, London: The International Institute for Strategic Studies.

Kalyvas, Stathis N. [2018] "Jihadi Rebels in Civil War," *Daedalus*, Winter 2018, 147 (1), Ending Civil Wars: Constraints & Possibilities, The MIT Press.

Kasfir, Nelson [2015] "Rebel Governance – Constructing a Field of Inquiry: Definitions, Scope, Patterns, Order, Causes," in Arjona, Ana, Nelson Kasfir. and Zachariah Mampilly eds., *Rebel Governance in Civil War*, Cambridge: Cambridge University press.

Katman, Filiz and Dilshad Muhammad [2022] "Tracing Kurdish Politics in Syria and its Prospect," Jasmine K. Gani, Raymond Hinnebusch eds., *Actors and Dynamics in the Syrian Conflict's Middle Phase Between Contentious Politics, Militarization and Regime Resilience*, London: Routledge.

Kazimi, Nibras [2011] *Syria Through Jihadist Eyes: A Perfect Enemy*, the Hoover Institution.

Khaddour, Kheder [2015] *The Assad Regime's Hold on the Syrian State*, Carnegie Middle East Center.

———— [2016] *Strength in Weakness: The Syrian Army's Accidental Resilience*, Carnegie Middle East Center.

Khaddur, Kheder and Kevin Mazur [2017] *Eastern Expectations: The Changing Dynamics in Syria's Tribal Regions*, Carnegie Middle East Center.

Khalaf, Rana [2016] *Governing Rojava*, The Royal Institute of International Affairs.

———— [2022] "The Struggle for Territory a Study of Territorial Fragmentation and Competitive Governance in Syria through Three Case Studies, 2011–2014," Jasmine K. Gani, Raymond Hinnebusch eds., *Actors and Dynamics in the Syrian Conflict's Middle Phase Between Contentious Politics, Militarization and Regime Resilience*, London: Routledge.

Lesch, David W. [2012] *Syria The Fall of The House of Assad*, London: Yale University Press.

Lu, Xiaoyu [2022] "How Jihadists Travel: The Clandestine Migration of Chines Trans-national Fighters to Syria," *Studies in Conflict & Terrorism*. Routledge.

Lund, Aron [2012] "Syrian Jihadism," *UlBrief*, No. 13, The Swedish Institute of International Affairs.

———— [2015] *Who are the Pro-Assad Militias?*, Beirut: Carnegie Middle East Center.

The Meir Intelligence and Terrorism Information Center [2018] *Armed Palestinian forces, militias and organizations handled by the Syrian regime in the Syrian civil war*, The Israeli Intelligence Heritage and Commemoration Center.

Metz, Steven [2007] *Rethinking Insurgency*, Pennsylvania: Strategic Studies Institute U.S.

Army War College.

Metz, Steven [2012] "Psychology of Participation in Insurgency," *Small Wars Journal,* January 27, 2012.

Milton, Daniel [2021] *Structure of a State Captured Documents and The Islamic State's Organizational Structure,* West Point: Combating Terrorism Center.

Mironova, Vera and Loubna Mrie and Sam Whitt [2019] "Commitment to Rebellion: Evidence from Syria," *Journal of Conflict Resolution 2020,* 64(4).

Mizobuchi, Masaki and Yutaka Takaoka [2022] " How did Muhajiroun become Jihadists? Foreign Fighters and the Geopolitics of the Conflict in Syria," Jasmine K. Gani, Raymond Hinnebusch eds., *Actors and Dynamics in the Syrian Conflict's Middle Phase Between Contentious Politics, Militarization and Regime Resilience,* London: Routledge.

Napolitano, Valentina [2020] "Palestinian Refugees and The Syrian Uprising Subjectivities, mobilizations and Changes," in Hinnebusch, Raymond and Adam Saouli, eds., *The War for Syria Regional and International Dimensions of the Syrian Uprising,* London: Routledge.

O'bagy, Elizabeth [2012] "Jihad in Syria," *Middle East Security Report,* 6, September 2012.

Obe, Rahel Briggs and Tanya Silverman [2014] *Western Foreign Fighters Innovation in Responding to the Threat,* Institute for Strategic Dialogue.

Olidort, Jacob [2016] *Inside the Caliphate's Classroom Textbooks, Guidance Literature, and Indoctrination Methods of the Islamic State,* Washington DC: The Washington Institute for Near East Policy.

Ozdemir, Omer Behram [2022] *Iran-Backed Militia in Syria: Profile and Function,* Ankara: Center for Middle Eastern Studies (ORSAM).

Pace, Michell [2019] "The Governance Deficit in the Middle East Region," in Jagerskong, Anders, Michael Schulz and Ashok Swain ed., *Routledge Handbook on Middle East Security,* London: Routledge.

Perthes, Volker [1995] *The Political Economy of Syria under Asad,* London: I.B. Tauris.

Pierret, Thomas and Laila Alrefaai [2021] "Religious Governance in Syria Amid Territorial Fragmentation," in Wehrey, Frederic ed., *Islamic Institutions in Arab States: Mapping the Dynamics of Control, Co-opion, and Contention,* Washington, DC: Carnegie Endowment for International Peace.

Rabil, Robert G. [2019] "Defeating the Islamic State of Idlib," *The National Interest.*

Robinson, Eric et al. [2017] *When the Islamic State Comes to Town the Economic Impact of Islamic State Governance in Iraq and Syria,* Santa Monica: Rand Corporation.

Rupesinghe, Natasja, Mikael Hiberg Naghizadeh and Corentin Cohen [2021] *Reviewing Jihadist Governance in the Sahel,* Norwegian Institute of International Affairs.

Shaar, Karam and Samy Akil [2021] *Inside Syria's Clapping Chamber: Dynamics of the 2020 Parliamentary Election,* Washington: The Middle East Institute (MEI).

Shaban, Nawar [2020] *The Syrian National Army: Challenges, and Outlook*, Geneva Center for Security Policy.

Shwad, Regine and Samer Massoud [2022] "Who Owns the Law? Logic of Insurgent Courts in Syrian War (2012-2017)," Jasmine K. Gani, Raymond Hinnebusch eds., *Actors and Dynamics in the Syrian Conflict's Middle Phase Between Contentious Politics, Militarization and Regime Resilience*, London: Routledge.

Sottimano, Aurora [2022] "The Syrian Interim Government Potential Thwarted by Domestic 'Irrelevance' and Foreign Neglect," Jasmine K. Gani, Raymond Hinnebusch eds., *Actors and Dynamics in the Syrian Conflict's Middle Phase Between Contentious Politics, Militarization and Regime Resilience*, London: Routledge.

Spencer, Amanda N. [2016] "The Hidden Face of Terrorism: An Analysis of the Women in Islamic State," *Journal of Strategic Security*, 9(3) pp.74-98.

Stewart, Frances [2008] *Horizontal Inequalities and Conflict: Understanding Group Violence in Multiethnic Societies*, Basingstoke: Palgrave Macmillan.

al-Tamimi, Aymenn Jawad [2021] *The System of Zakat and Charities Under the Islamic State*, Washington: The George Washington University.

Tejel, Jordi [2009] *Syria's Kurds History, Politics and Society*, London: Routledge.

'Uthmān, Hāshim [2001] *al-Aḥzāb al-Siyāsīya fī Sūrīyat al-Sirrīya wa al-'Alnīya* (シリアの公然・非公然の諸政党) Beirut: Ryāḍ al-Raīs li al-Kutb wa al-Nashr.

van Dam, Nikolaos [2017] *Destroying a Nation the Civil War in Syria*, London: I.B.Tauris.

Vorobyeva, Daria [2020] "Russian foreign policy in the early Syrian conflict: Traditional factors and the role of Syria in Kremlin's wider domestic and international goal," in Hinnebusch, Raymond and Adham Saouli ed. *The War for Syria Regional and International Dimensions of the Syrian Uprising*, London: Routledge.

Weinberg, David Andrew [2014] *Qatar and Terror Finance Part I: Negligence*, Washington DC: Foundation for Defense of Democracies.

Yonker, Carl C. [2021] *The Rise and Fall of Greater Syria a Political History of the Syrian Social Nationalist Party*, Berlin, De Gruyter.

Yuksel, Engin [2019] *Strategies of Turkish Proxy Warfare in Northern Syria*, Netherlands Institute of International Relations.

Zakariyā, Aḥmad Waṣfī [1997] *'Ashā'ir al-Shām* (シャームの諸部族), Damascus, Dār al-Fikr.

Zelin, Aaron Y. [2022] *The Age of Political Jihadism: A Study of Hayat Tahrir al-Sham*, Washington DC: The Washington Institute for Near East Policy.

Zorri, Diane M., Houman A. Sadri, and David C. Ellis [2020] *Iranian Proxy Groups in Iraq, Syria, and Yemen: A Principal – Agent Comparative Analysis*, MacDill Air Force Base: The JSOU Press.

# 索　引

**《著者紹介》**

髙 岡　豊（たかおか　ゆたか）

1975 年生まれ.

博士（地域研究）.

現在，東京外国語大学総合学術研究院特別研究員.

**主要業績**

『現代シリアの部族と政治・社会——ユーフラテス河沿岸地域・ジャジーラ地域の部
　　族の政治・社会的役割分析——』，三元社，2011 年.

『「イスラーム国」がわかる 45 のキーワード』，明石書店，2015 年.

『「テロとの戦い」との闘い　あるいはイスラーム過激派の変貌』，東京外国語大学出
　　版会．2023 年.

シリーズ 転換期の国際政治 20

## シリア紛争と民兵

2024年 3 月30日　初版第 1 刷発行　　　＊定価はカバーに
　　　　　　　　　　　　　　　　　　　　　表示してあります

著　者　　髙　岡　　　豊 ©

発行者　　萩　原　淳　平

印刷者　　藤　森　英　夫

発行所　株式会社　晃 洋 書 房

〒615-0026　京都市右京区西院北矢掛町 7 番地
　　　　　　　　電話　075(312)0788番(代)
　　　　　　　　振替口座　01040-6-32280

装丁　尾崎閑也　　　　　　　印刷・製本　亜細亜印刷㈱

ISBN978-4-7710-3840-0

山尾　大 著
## 紛争のインパクトをはかる
──世論調査と計量テキスト分析からみるイラクの国家と国民の再編──

A 5 判　294頁
定価4,180円（税込）

吉川　卓郎 著
## ヨルダンの政治・軍事・社会運動
──倒れない王国の模索──

A 5 判　196頁
定価4,950円（税込）

浜中　新吾・青山　弘之・髙岡　豊 編著
## 中 東 諸 国 民 の 国 際 秩 序 観
──世論調査による国際関係認識と越境移動経験・意識の計量分析──

A 5 判　316頁
定価4,180円（税込）

西川　佳秀 著
## ヘ ゲ モ ニ ー の 現 代 世 界 政 治
──米中の覇権争奪とイスラム台頭の時代──

A 5 判　244頁
定価2,970円（税込）

酒井　啓子 編著
## 現 代 中 東 の 宗 派 問 題
──政治対立の「宗派化」と「新冷戦」──

A 5 判　282頁
定価4,180円（税込）

半澤　朝彦 編著
## 政 治 と 音 楽
──国際関係を動かす〝ソフトパワー〟──

A 5 判　290頁
定価3,080円（税込）

芝崎　厚士 著
## グ ロ ー バ ル 関 係 の 思 想 史
──万有連関の世界認識研究へ──

A 5 判　328頁
定価5,060円（税込）

水澤　純人 著
## 「近代ムスリム市民社会」の誕生
──イスラーム擁護協会の「女性問題」から考える──

A 5 判　272頁
定価5,500円（税込）

安達　智史 著
## 再帰的近代のアイデンティティ論
──ポスト 9・11 時代におけるイギリスの移民第二世代ムスリム──

A 5 判　480頁
定価6,380円（税込）

晃 洋 書 房